Mathématiques, physique, métaphysique

Les voies du réel

D/2018/4910/44 ISBN : 978-2-8061-0422-9

Academia-L'Harmattan s.a.

Grand'Place, 29

B-1348 Louvain-la-Neuve

www.editions-academia.be

André Thayse

Avec la collaboration de

Marie-Hélène Thayse-Foubert

Mathématiques, physique, métaphysique

Les voies du réel

Préface de Philippe Mawet

academia
L'Harmattan

Du même auteur

Œuvres scientifiques

Discrete and switching functions (avec Marc Davio et Jean-Pierre Deschamps), Mc Graw-Hill, New York, 1978.

Boolean Calculus of Differences, Springer-Verlag, Berlin, 1981.

Digital systems (avec Marc Davio et Jean-Pierre Deschamps), Wiley, Londres, 1983.

Machines algorithmiques (avec Marc Davio et Jean-Pierre Deschamps), Presses polytechniques romandes, Lausanne, 1984.

P-Functions and Boolean Matrix Factorization, Springer-Verlag, Berlin, 1984.

From Logic Design to Logic Programming (avec Dominique Snyers), Springer-Verlag, Berlin, 1987.

Approche logique de l'intelligence artificielle, 4 volumes, Bordas-Dunod, Paris, 1988-1991 ; traduction anglaise : Wiley, Londres ; traduction russe : Mir, Moscou.

Logique. Méthodes pour l'intelligence artificielle (avec Paul Gochet et Pascal Gribomont), Hermès-Lavoisier, Paris, 2000.

Logique pour le traitement de la langue naturelle (avec Philippe Delsarte), Hermès-Lavoisier, Paris, 2001.

Logique et théorie des systèmes digitaux, Hermès-Lavoisier, Paris, 2002.

Calcul différentiel pour les langues de la logique, Hermès-Lavoisier, Paris, 2004.

Essais

L'Évangile revisité, 4 volumes, Le Cerf/Racine/Lumen vitæ, Paris et Bruxelles, 1997-2000.
La Genèse autrement, 3 volumes, L'Harmattan, Paris, 2004-2006.
L'Exode autrement, L'Harmattan, Paris, 2008.
Accomplir l'Écriture. Jésus de Nazareth, un enseignement nouveau, L'Harmattan, Paris, 2009.
Dieu caché et Réel voilé. L'une et l'autre Alliance, L'Harmattan, Paris, 2010.
Sur les traces du prophète de Nazareth. Données historiques, vérité symbolique, L'Harmattan, Paris, 2011.
Regards sur la foi. À l'écoute de la science, L'Harmattan, Paris, 2012.
Dieu personnel et ultime réalité. Je serai qui je serai (Exode **3**,*14)*, L'Harmattan, Paris, 2013.
Science, foi, religions. Irréductible antagonisme ou rationalités différentes ?, Academia, Louvain-la-Neuve, 2016.

Préface

S'il est une question qui est au carrefour de la réflexion scientifique et théologique, c'est bien celle du rapport entre la science et la foi. À ce niveau, on est souvent sur une ligne de crête et l'expérience montre qu'on ne trouve l'équilibre qu'en avançant avec prudence. Depuis de nombreuses années, l'auteur, André Thayse, s'est intéressé à cette question. Différents ouvrages ont donné à sa pensée une crédibilité et une pertinence qui n'est plus à souligner.

Avec ce nouveau livre, il nous invite à le suivre dans une démarche qui, je le crois, est un pas de plus sur ces chemins passionnants, et aussi difficiles, de l'articulation entre la pensée scientifique et la démarche croyante. C'est en fait, ici, toute la question de ce qu'est "le réel" qui est posée. Un des mérites de l'auteur est aussi de ne pas enfermer la démarche scientifique dans un seul modèle. Ainsi, montre-t-il comment la mécanique quantique, en ne réduisant pas la pensée scientifique à des déterminismes considérés comme inévitables, est véritablement en contraste avec la physique classique qui, trop souvent, prétend encore rendre compte du réel tel qu'il est vraiment.

Vient alors la démarche théologique qui n'est jamais, pour l'auteur, le bouche-trou des limites de la science. Avec érudition et compétence, mais aussi avec humilité et conviction, André Thayse invite le lecteur à reconnaître la spécificité de chaque démarche, sans les confondre ni les opposer.

S'il est un aspect, parmi beaucoup d'autres, qui a retenu mon attention, c'est l'approche narrative des textes bibliques. Il y a là une intuition, classique mais originale, qui est surtout une approche exégétique et qui vient aider le lecteur à entrer dans ce texte sacré avec beaucoup d'humilité et d'ouverture.

Qu'est ce donc que le réel ? Oserais-je dire, avec ma façon d'entrer dans la pensée de l'auteur, qu'il ne se prouve ni ne se démontre. On peut l'approcher sans jamais l'enfermer dans telle ou telle lecture scientifique ou autre. Il n'est pas non plus une illusion. Il est ce qui se reçoit tout autant que ce qui se construit, et c'est là où le génie du scientifique et du croyant peut se rejoindre.

Reconnaissons aussi qu'un des mérites de l'auteur est de ne pas tomber dans le piège du relativisme si séduisant pour ceux qui n'aboutissent pas à des des conclusions intellectuellement satisfaisantes. Je crois que la démarche et l'œuvre d'André Thayse, qui peut compter sur la collaboration de son épouse Marie-Hélène Foubert, revêtent un caractère qu'on peut qualifier de prophétique.

Dans un monde qui veut opposer ce qui ne paraît pas conciliable, André Thayse fait vraiment œuvre de réconciliation. Sans nier la démarche spirituelle qui est au cœur de la vie du croyant, il ose et veut frayer des chemins qui obligent chacun à ne pas refuser la pensée de "l'autre". Merci à lui d'évoquer à ce niveau – et en introduction de son livre – une citation de celui qui fut un de mes "grands professeurs" de théologie, Adolphe Geshé, qui évoque le fait que "l'hypothèse, ou l'idée de Dieu, peut aider l'Homme à penser".

À lire l'ouvrage que nous propose André Thayse, je crois que le parcours de sa pensée n'est pas encore arrivé à son terme. Peut-être cela nous donnera-t-il l'occasion et l'avantage de poursuivre avec d'autres (chefs) d'œuvres, le chemin d'une pensée au service de l'humain dans la lumière du divin.

Philippe Mawet

Avant-propos

Tout au long des millénaires écoulés, la Sagesse s'était penchée sur le mystère de l'existence de l'Univers et de l'Homme. Sans jamais y apporter de réponse définitive : *Où étais-tu quand je fondai la terre ? Parle, si ton savoir est éclairé* (Jb **38**,3). Dans la même perspective, l'époque récente a plus particulièrement orienté ses recherches dans la direction de l'origine cosmique de l'aventure humaine.

Sagesse et science : deux approches qui seront notre fil d'Ariane dans l'exploration de la question posée au dix-septième siècle par le philosophe et mathématicien Gottfried Leibniz : *Pourquoi y a-t-il quelque chose plutôt que rien ?*

Dans la perspective de la question de Leibniz relative au sens de l'Univers, du réel, de notre existence, je m'inspirerai de la définition du mot *sens* que l'on doit au philosophe américano-norvégien Andreas Føllesdal : *Le sens est l'intersection de toutes les données dont peuvent disposer les personnes qui communiquent.*[1]

Parmi les données dont nous disposons, il y a d'abord celles, formalisables et calculables, issues de l'approche scientifique. Approche rationnelle qui vise à *expliquer* et à

[1] Cité par B. d'Espagnat, *Le réel voilé*, p. 454, Fayard, Paris, 1994.

comprendre. Il y a ensuite celles qui échappent à toute possibilité de formalisation et qui visent à *ressentir* et à *aimer*. Parmi elles, nos expériences artistiques, amoureuses, mystiques ou émotionnelles. Expériences qui, plutôt qu'à notre raison, font appel à notre ressenti, à nos intuitions. Expériences dont le neurobiologiste pourra certes proposer des descriptions, des discours, mais qui resteront toujours infiniment en deçà de notre vécu. Mais ce que l'on ne peut *expliquer*, on peut, à tout le moins, tenter de le *raconter*. C'est dans cette perspective que je prendrai en compte certains récits bibliques ainsi que leur exégèse. Renonçant à expliquer, ces récits font mieux : ils racontent. À une réalité *expliquée* vient ainsi s'ajouter une réalité *racontée*.

Si l'approche par la science pour comprendre le réel va de soi, et ne requiert donc pas de justification complémentaire, il n'en va pas de même pour l'autre approche, celle par l'exégèse de textes bibliques. On raconte que Talleyrand avait coutume de dire qu'il croyait à la Bible parce qu'il était évêque d'Autun et parce qu'il n'y comprenait rien. M'inspirant de ce qui n'était sans doute qu'une boutade, je dirais que personnellement je crois à la Bible parce que je n'y comprends rien et parce que j'ai découvert qu'elle est une extraordinaire machine à penser et à réfléchir pour ceux et celles qui y comprenaient quelque chose. Machine qui m'a permis de découvrir que la recherche biblique pouvait être aussi passionnante que la recherche scientifique.

Recherche dont j'ai tenté de donner un aperçu par une succession d'essais d'*abordage* de l'imperceptible, de l'indicible, exprimés sous des formes bien différentes. Ils doivent être abordés comme des suggestions qui invitent à penser. Il s'agit d'une invitation, trop souvent méconnue, qui vaut la peine par sa richesse.

Si ces deux approches, par la science et par le ressenti, sont séparées, et doivent le rester, leur *intersection*, dans le cadre d'un même ouvrage, peut se justifier parce que toutes deux conduisent aux mêmes questions concernant l'appréhension du réel. Appréhension qui ne peut se contenter d'une seule vision comme le sous-entendait déjà la question de Leibniz. Question ensuite prolongée à partir du vingtième siècle par celle émanant de l'approche quantique du réel : *Y a-t-il une réalité indépendante de l'existence humaine ?* Questions pour lesquelles il n'y a pas de réponse, ni logique, ni définitive, et à propos desquelles nous ne pouvons que méditer.

Remerciements

Je suis redevable à Jean Radermakers d'avoir éveillé mon intérêt pour les textes bibliques. C'est l'exégèse ouverte qu'il a bâtie dans ses ouvrages sur le Nouveau Testament qui m'a donné l'envie de relire des textes dont je ne gardais qu'une vague culture scolaire. Merci à Pierre Mourlon Beernaert d'avoir pris le relais avec patience et compétence. Merci à Ignace Berten et Jacques Neirynck qui m'ont encouragé à donner à mes notes de travail une forme plus appropriée en vue de leur diffusion. Que Pierre de Guchteneere soit remercié pour sa lecture attentive de mes manuscrits et pour ses suggestions pertinentes. Merci à Bernard d'Espagnat dont la correspondance éclairante m'a encouragé à percevoir la démarche scientifique autrement. Merci à Yves Dresse, Catherine Dufays, Aline Lemaître, Claire et Jean-Jacques Eyen, François Lagasse de Locht, Daniel Mange, Richard Moreau, René Steinmetz, André et Myriam Stouffs, Jean-Hubert Vandresse et Maurice Van Weyenbergh pour les marques d'intérêt qu'ils ont bien voulu me témoigner.

Introduction : voies pour penser

En 1993, dans une série d'ouvrages intitulés : *Dieu pour penser*, le théologien Adolphe Gesché avance l'hypothèse que Dieu, ou l'idée de Dieu, peut *aider à penser*. Et cela, que l'on soit croyant, agnostique ou athée. La démarche étant que l'idée de Dieu, même comme pure métaphore ou simple façon de s'exprimer, constitue dans l'histoire humaine l'idée la plus extrême, *celle au-delà ou en deçà de laquelle il n'y a pas, faux ou vrai, de concept plus ultime.*[1] Et donc, l'idée de Dieu est une idée qui aide – ou qui oblige – à penser. Un an plus tard, soit en 1994, dans son ouvrage *Le réel voilé*, le physicien Bernard d'Espagnat annonce l'importance de la physique quantique dans l'approche du réel : *Je le dis sans ambages : quiconque cherche à se faire une idée du monde – et de la place de l'homme dans le monde – doit tenir compte des acquis et de la problématique de la mécanique quantique. Bien plus : il doit les mettre au centre de son questionnement.*[2] Ainsi, tout comme l'idée de Dieu, la mécanique quantique (et, plus largement, la science), elle également, *aiderait à penser*.

[1] A. Gesché, *Dieu pour penser. 1 : le mal*, p. 7, Cerf, Paris, 1993.

[2] B. d'Espagnat, *Le réel voilé*, p. 7, Fayard, Paris, 1994.

Quant à savoir si les approches spiritualiste et scientifique pourraient un jour n'en former plus qu'une, des religieux et des scientifiques y ont répondu par la négative. Plus précisément, la double thèse selon laquelle : 1. un recours à l'irrationnel en science est nécessaire ; 2. la source profonde des phénomènes serait un jour atteignable par des méthodes exclusivement scientifiques ; cette double thèse est grosse de périls, et donc à oublier.

Ce qui ne signifie pas que la connaissance scientifique ne doive pas être complétée par autre chose. Le religieux parlera de foi, Bernard d'Espagnat, lui, mise sur l'intuition raisonnée, arguant du fait que certaines de nos expériences artistiques, amoureuses, voire même mystiques, laissent penser qu'il y a des dimensions de notre existence qui ne sont pas uniquement redevables du rationnel, ou de notre raison.

Reconnaître la distance entre deux modes de la connaissance – le mode scientifique et le mode non scientifique – permet, en considérant alternativement l'un et l'autre, de porter un regard critique sur l'un et sur l'autre. Tenant compte du fait que la distance entre approches scientifique et spiritualiste est bien moins importante que leur commun apport à la quête éternelle d'une toujours inatteignable vérité, je rejoindrais la pensée du médecin et biologiste Henri Atlan : *La seule universalité de valeurs possible est celle qui se construit pas à pas, à travers les luttes, la coexistence et le dialogue. Et la seule garantie en est la bonne volonté sans complaisance vis-à-vis de l'autre, de l'étrange et de l'étranger.*[3]

Notons enfin que, dans le domaine de l'intercritique des sciences et des spiritualités, il importe de distinguer l'athéisme méthodologique, propre à la science qui n'a pas à se préoccuper d'un concept – Dieu – qui lui est étranger, de l'athéisme philosophique qui, lui, est une conviction étrangère à toute discipline, scientifique ou autre. Croire ou ne pas croire est probablement avant tout une question de milieu culturel, de mentalité, de disposition psychologique, de vécu.

---

[3] H. Atlan, *À tort et à raison*, p. 25, Seuil, Paris, 1986.

La science pour penser

En reconnaissant que le réel qu'elle découvre n'est qu'une image humaine du réel véritable, la physique quantique ouvre la voie à un questionnement portant sur un domaine plus étendu que la science. Elle dépasse ainsi la frontière des sciences exactes pour accéder aux questions métaphysiques et religieuses. Comme le reconnaissent bien des savants, qu'ils soient croyants, comme Bernard d'Espagnat, ou agnostiques, comme Ilya Prigogine. Avec comme conséquence que telle philosophie, ou telle approche métaphysique ou religieuse, pourra, dans le contexte quantique, soit acquérir une légitimité neuve, soit perdre toute légitimité.

La Nature parle une certaine langue. Les scientifiques l'appellent : la *physique*. Déclarer que la Nature parle n'est pas nécessairement se référer au langage parlé de l'Homme. Mais c'est simplement dire que les propriétés originelles de la Nature, de l'Univers, de l'espace-temps au sens d'Einstein, conditionnent notre milieu vital, nous influencent, dictent notre mode d'existence. Et donc elles nous *parlent*. Parce que provenant de la Nature elle-même, et donc parce qu'étant antérieure à l'Homme et indépendante de lui, la langue de la Nature – ou la physique – peut être qualifiée de *langue naturelle*. À ce stade, il importe d'apporter une précision sur ce qu'on peut entendre par le mot *physique*.

Une première option consiste à concevoir la physique comme la science de la Nature elle-même. Ou la science du *réel*. C'est-à-dire comme la science qui décrit, ou vise à décrire, la réalité telle qu'elle est vraiment, la *source* des phénomènes. Une seconde option conçoit la physique comme une science de l'expérience humaine, comme une science des *apparences*, des *phénomènes*. Plutôt que sur la Nature elle-même, la physique nous informe sur la Nature telle qu'elle apparaît *pour nous*, sur l'image mentale que nous nous en faisons, sur les phénomènes, au sens philosophique du terme.[4]

[4]Au sens large, le phénomène est ce qui se manifeste aux sens ou à la conscience, tant dans l'ordre physique que dans l'ordre psychique, et qui peut devenir l'objet d'un savoir. Au sens de "fait scientifique", le phénomène est ce que l'on observe ou constate par l'expérience et qui peut se répéter.

Prise dans ce second sens, la physique est la science de la réalité telle qu'elle transparaît de nos observations, de nos sensations, de nos mesures, de nos moyens d'expérience et de calcul. Réalité encore nommée *empirique* par Bernard d'Espagnat pour la distinguer de la source des phénomènes qui, elle, a reçu les noms de *réalité ultime*, *réalité en soi*, *réalité indépendante*, ou encore *réalité extérieure*. Ces deux dernières expressions signifiant que son existence ne procède pas de celle de l'Homme. Et donc qu'elle est antérieure à l'Homme.[5]

Phénomène interpellant qui fait que ce que nous entendons de la Nature n'est pas exactement ce qu'elle nous dit. Phénomène comparable en cela à la transmission par la parole de la pensée humaine où celui qui parle n'exprime pas exactement ce qu'il veut dire et où celui qui entend perçoit encore autre chose que ce qui est dit. Incertitude donc dans la communication, mais incertitude qui, en définitive, en empêchant que toute l'information ne soit donnée d'un seul coup, peut s'avérer réellement féconde. Comme le constate le philosophe Henri Bergson à propos du rôle du temps : *À quoi sert le temps ?... le temps est ce qui empêche que tout ne soit donné d'un seul coup. Il retarde, ou plutôt il est retardement. Il doit donc être élaboration. Ne serait-il pas alors le véhicule de création et de choix ? L'existence du temps ne prouverait-elle pas qu'il y a de l'indétermination dans les choses ?*[6]

Mystère de la transmission de l'information encore souligné par Jacques Ellul à propos de la parole humaine : *La parole la plus explicite, la mieux expliquée me replace au pied du mystère, invinciblement. Mystère de l'autre que je ne puis sonder, et dont sa parole m'apporte un écho, mais seulement un écho. Je perçois cet écho, et je sais qu'il y a autre chose. Mystère que j'éprouve en sachant spontanément*

[5]Bernard d'Espagnat a donné à la position postulant qu'il existe un réel antérieur à toute connaissance par l'Homme, et donc qui ne procède pas de l'esprit humain, le nom de *réalisme ouvert*.

[6]H. Bergson, "Le possible et le réel", dans *Œuvres*, p. 1333, PUF, Éditions du Centenaire, 1970 ; cité par I. Prigogine, *La fin des certitudes*, p. 22, Odile Jacob, Paris, 1996.

que je ne comprends pas bien, pas du tout, ce que dit l'autre. Mystère pour moi-même de ma propre incompréhension que je reconnais. Comment vais-je réagir, comment répondre...[7]

Dans cette citation de Jacques Ellul il n'y a pas (trop) d'inconvénient à remplacer *autre* par *réalité en soi.* Voire même par *Dieu* pour ceux qui le désirent. Pour autant cependant que l'on ait pris la précaution de ne pas trop vite identifier le mot *Dieu* avec le Dieu de telle ou de telle religion. Mais plutôt de l'approcher par la théologie, cette *science du surplus* (E. Jünger), lorsqu'elle demande simplement de ne pas exclure l'idée de Dieu de la démarche de l'esprit. Ou encore à le penser sous l'égide d'un *excès.*

Pour ceux qu'une certaine cohabitation avec un univers à consonance poético-religieuse ne dérange pas, je vais encore me référer à un passage biblique pour illustrer cette ambiguïté du dialogue. Il s'agit du passage de la Genèse où l'on voit le Patriarche Jacob distinguer en rêve une échelle dont un point d'appui se situe dans les cieux et l'autre sur Terre : *Jacob eut un songe : Voilà qu'une échelle était dressée sur la terre et que son sommet atteignait le ciel, et des anges de Dieu y montaient et descendaient !* (Gn **28**,12).

En proie au sommeil de la mort, Jacob, le fugitif, le pourchassé, voit soudain fleurir un rêve d'illumination prophétique où une simple échelle devient l'objet d'une redoutable vision de l'histoire humaine. Ce que Jacob voit dans le rêve de l'échelle, ce sont des messagers de Dieu qui *montent et descendent.* Jacob découvre ainsi que le Ciel et la Terre, la Transcendance et l'Immanence, ne peuvent se réaliser que dans un échange réciproque. Entre Ciel et Terre, une communication doit s'établir. Mais qui est loin d'être évidente !

L'échelle est destinée à assurer une communication entre Dieu et l'Homme, entre la transcendance et la contingence, entre l'absolu et le relatif. Entre la réalité en soi et la réalité empirique, ajouterions-nous aujourd'hui. Échelle où la Bible distingue la difficulté qu'éprouvent Dieu et l'Homme à établir une communication, à se découvrir un langage

[7] J. Ellul, *La parole humiliée*, p. 29-30, Seuil, Paris, 1981.

commun, à se parler. Ce que commente André Neher : *La position* [sur l'échelle] *n'est confortable, on le devine, ni pour l'un, ni pour l'autre* [ni pour Dieu, ni pour l'Homme]. *Mais c'est* pourtant *la seule position qui rende compte de la réalité et ceci, en premier lieu, parce qu'elle met en relief, d'une manière irrécusable, l'*ambiguïté *de cette réalité.*[8]

Interpellant rapprochement entre discours scientifique, options philosophiques, traditions mythiques et images bibliques parce qu'il pointe vers cette constatation que la relation que nous entretenons entre réalité et savoir que nous en avons a *perdu les couleurs de fausse évidence qui étaient les leurs aux siècles passés* (É. Klein).

Relation entre réalité et savoir qui ne pourra plus désormais faire l'économie de plusieurs approches où des langages différents s'entrecroisent et se fécondent (tout en restant distincts !), marquant par là qu'il doit y avoir une réalité plus fondamentale, plus profonde, mais qui resterait voilée pour la raison humaine.

Cela, des scientifiques l'ont bien compris, eux qui, tout en reconnaissant l'insurmontable distance entre sciences et spiritualités, ont entrepris d'utiliser ces diverses modalités de la connaissance dans le cadre d'une critique constructive et réciproque de l'une par l'autre. Je pense en particulier aux scientifiques de haut niveau, membres de l'Université interdisciplinaire de Paris (UIP) qui organisait des rencontres sur le thème des rapports entre science et foi. Parmi eux on trouvait, entre autres, le physicien français Bernard d'Espagnat, le thermodynamicien belge, prix Nobel de chimie, Ilya Prigogine (tous deux décédés depuis lors) et l'Américain d'origine vietnamienne Trinh Xuan Thuan, spécialiste de l'astronomie extragalactique.

Langages différents qu'on aurait tort de vouloir unifier en une grande synthèse où le scientifique le disputerait au religieux, l'intuition à la raison, l'irrationnel au surrationnel, en vue de dévoiler une réalité ultime qui n'est simplement pas dévoilable. Ni scientifiquement, ni religieusement, ni

[8]A. Neher, *Le puits de l'exil. Tradition et modernité : la pensée du Maharal de Prague, 1512-1609*, p. 44, Cerf, Paris, 1991.

humainement. Car le champ de la connaissance n'est pas la réalité en soi, mais bien la réalité empirique ! Il ne s'agit donc pas de mélanger ce que le ciel a séparé, car rien que les phénomènes usuels sont déjà extrêmement complexes !

Significative à cet égard est la position de l'astronome et physicien (et prêtre) belge Georges Lemaître, dont la théorie de l'atome primitif constitue le fondement du *big bang*, cette origine absolue de la Nature considérée par certains comme *la* découverte la plus importante de l'histoire humaine.[9] Pour ce savant l'hypothèse de la création par l'explosion de l'atome primitif (le *big bang*) ne peut être utilisée, ni pour étayer une *preuve* de l'existence de Dieu, ni pour servir à *démontrer* une création sans Dieu. La neutralité et l'autonomie de la science se doivent d'être respectées : *Personnellement, j'estime qu'une telle théorie reste entièrement en dehors de toute question métaphysique ou religieuse. Elle laisse le matérialiste libre de nier tout être transcendant. (..) Pour le croyant, elle exclut toute tentative de familiarité avec Dieu, telle que la* chiquenaude *de Laplace ou le* doigt *de Jeans. Cela s'accorde avec la parole d'Isaïe parlant du* Dieu caché, *caché même dans le début de la création.*[10]

Dieu caché d'Isaïe, ou Dieu non-interventionniste au sens immédiat de la Bible qui, nous le verrons ultérieurement, trouve son pendant scientifique dans le réel voilé (ou la réalité en soi voilée) de Bernard d'Espagnat.

Qu'en est-il maintenant précisément de cette autre réalité, de la réalité ultime, nommée par la suite *réalité en soi* ? Quoique tous les scientifiques ne s'accordent pas sur le bien-fondé de la distinction entre réalité empirique et réalité en soi,[11] des arguments philosophiques, religieux et scientifiques raisonnables inclinent à penser que cette distinction a un sens. Si donc l'on admet qu'elle en a un – hypothèse qui

---

[9]P. Davies, *About time : Einstein's Unfinished Revolution* ; cité par I. Prigogine, *La fin des certitudes*, p. 190, Odile Jacob, Paris, 1996.

[10]G. Lemaître, *L'hypothèse de l'atome primitif*, p. 9-10 ; cité par V. De Rath, *Georges Lemaître, le Père du big bang*, p. 106, Labor, Charleroi, 1994.

[11]Comme par exemple le prix Nobel de médecine Christian de Duve pour qui il n'y a qu'une seule et unique réalité. Ce qui dispense de devoir dissocier ce qu'on comprend de ce qu'on ne comprend pas. Ou pas encore et qu'on comprendra peut-être un jour.

résulte bien, il faut le souligner, d'un postulat et non d'une démonstration ! – la troublante question qui subsiste est : que peut-on dire de cette réalité ? Ou : qu'est-ce qui est réel ? Car la réalité doit bien être *quelque chose* ; ou, comme le dit Henri Atlan, *il doit bien y avoir quelque chose dans la réalité qui lui permet de se laisser mettre en ordre.*[12] Mais quoi ? Que peut-on en dire ? Ou ne pas en dire ?

Les premières informations que nous pouvons en avoir sont essentiellement négatives : cette réalité n'est pas entièrement intelligible par nous (raison pour laquelle Bernard d'Espagnat la qualifie de *voilée*), elle n'est pas située dans l'espace-temps einsteinien (ni probablement dans aucun type d'espace-temps), elle n'est pas constituée de choses distinctes, ou existant en tant que telles, elle n'est donc pas séparable par la pensée ni conceptualisable par l'esprit humain. Point de vue exprimé de façon humoristique par le philosophe et logicien américain Willard Quine lorsqu'il suggère que les particules élémentaires de la physique (électrons, protons) doivent recevoir le même statut que les dieux d'Homère. Raison pour laquelle Bernard d'Espagnat a pu écrire : *En vérité, il ne semble pas abusif d'estimer que si la Nature – au sens le plus large du terme – refuse de nous dire explicitement ce qu'elle est, elle paraît consentir parfois, après sollicitations pressantes de notre part, à nous confier un peu ce qu'elle n'est pas !*[13]

Si la réalité empirique est celle que nous pouvons connaître, la réalité en soi serait, elle, inconnaissable dans le sens où elle ne peut être *l'objet direct* de notre savoir. Mais elle peut en être *l'objet indirect.* Nous pourrions partiellement la connaître *en creux*, comme à l'exemple de traces laissées dans la neige qui nous informent que *quelqu'un* est passé, sans que l'on ait d'autre information sur ce *quelqu'un.*

---

[12]H. Atlan, *À tort et à raison. Intercritique de la science et du mythe*, p. 357, Seuil, Paris, 1986.

[13]B. d'Espagnat, *Traité de physique et de philosophie*, p. 7, Fayard, Paris, 2002.

Le concept de connaissance *en creux* a reçu une tentative de formalisation par Bernard d'Espagnat qui lui a donné le nom de *causalité élargie*. Type de causalité qui relie la réalité en soi à la réalité empirique et qui se distingue nettement de la causalité kantienne qui régit les phénomènes dans la réalité empirique. Pour Bernard d'Espagnat, la réalité en soi est structurée d'une façon que nous ne pouvons pas connaître mais qui, *via* la *causalité élargie*, se reflète dans les structures de la réalité empirique. Et donc y laisserait des *traces*.

En ce qui concerne la causalité élargie, il faut encore noter que la journaliste scientifique Léna Soler, dans un article de *Physique et Réalité* datant de juillet 2001, constate que c'est lorsqu'on admet au préalable une causalité qui ne se réduit pas à relier des phénomènes entre eux, que l'on en arrive à la notion de réalité en soi. Elle en conclut que c'est la notion de causalité élargie qui apparaît comme première par rapport à celle de réalité en soi qui en serait donc la conséquence.

Il n'est ensuite pas sans intérêt de se pencher sur la question de savoir quelles pourraient être les *traces* que la réalité en soi aurait pu laisser dans la réalité empirique. Parmi ces traces, les scientifiques relèvent bien évidemment d'abord certaines lois physiques fondamentales de la Nature. Comme, par exemple, les lois de l'électromagnétisme dues à James Maxwell. D'autres traces seraient liées à certaines *énigmes essentielles* (B. d'Espagnat) propres à la physique quantique et dont l'interprétation, précisément en termes de la réalité en soi, soulève des problèmes considérables et délicats. Parmi ces énigmes essentielles, la *non-séparabilité* (encore appelée *globalité*) est probablement la plus troublante. Hypothèse prévue par la mécanique quantique, et ensuite vérifiée expérimentalement, qui veut que deux photons de lumière qui ont interagi dans le passé continuent à former un tout inséparable, et ce quelle que soit la distance qui peut les séparer. Non-séparabilité dont la signification philosophique continue également à interpeller.

Enfin, dans ce relevé de traces, il ne faut pas négliger celles, moins formalisables quoique tout aussi universelles, comme l'amour, la poésie, l'art, le mal. Traces qui conduisent à se pencher sur l'idée de *Dieu*.

Dieu pour penser

Si, parmi les traces laissées sur la réalité empirique par la réalité en soi, on décide d'inclure les lois fondamentales de la Nature, il n'y a aucune raison de ne pas inclure également d'autres lois, tout aussi fondamentales. Lois non formalisables, mais qui n'en sont pas moins universelles. Comme, par exemple, celles relatives à notre capacité d'aimer ou de ressentir des émotions artistiques ou mystiques.

Car l'amour et, plus généralement, le fait d'aimer est bien universel : il est de toutes les cultures, de toutes les époques, il n'est même pas circonscrit au genre humain. Tout ce qui vit dans la Nature, d'une façon ou d'une autre, relève du verbe *aimer*. Les sages et les poètes l'ont bien compris, eux qui ont bâti le plus clair de leur discours autour de ce verbe. Or il semble bien que l'amour (au sens large, ou le fait d'aimer) ne peut se révéler dans ses fondements les plus ultimes que lorsqu'il est assorti à une sortie de la temporalité, à un au-delà du temps, en un mot, à une *éternité* : lorsqu'on aime, c'est pour toujours. Et donc, pour les croyants, lorsque le verbe *aimer* se conjugue avec le *Dieu est amour* de la première Épître de Jean.

Ensuite, si pour les croyants Dieu est amour, pourquoi ne serait-il pas également poésie ? Car, comme pour l'amour, le discours poétique fait usage de mots qui débordent largement leur sens. Ouvert à une multiplicité de significations, il est en quelque sorte intemporel, et donc, lui également, éternel. Est particulièrement éclairante l'ouverture à l'univers poétique de l'écrivain philosophe Régis Debray lorsqu'il suggère que, plutôt que de dire à Moïse *Je suis celui qui est* (Ex **3**,14), Dieu aurait dû lui dire : *Je suis l'Être dont l'essence est de jouer à cache-cache, de vous voiler ma face et de revenir dans votre dos, pour vous surprendre. Millénaire après millénaire. Au fond, j'étais la poésie même : un mythe qui dit la vérité. Et la vérité, c'est que vous ne pouvez vous passer d'un poème, d'un songe collectif, d'une étincelle d'ailleurs, si vous voulez* vivre *et pas seulement subsister.*[14]

[14] R. Debray, *Dieu, un itinéraire*, p. 381, Odile Jacob, Paris, 2001.

Si, pour les croyants, il n'y a pas trop d'inconvénient à associer Dieu à l'amour, voire au langage poétique, des difficultés métaphysiques insurmontables surgissent dès qu'il s'agit de s'interroger sur le rapport qu'il peut y avoir entre Dieu et le mal. Car le mal, cet irrationnel (cette *folie de Dieu*), cette autre *loi* de la création, tout aussi incontournable, semble bien, tout comme l'amour, être universel, intemporel. Et donc éternel. Or, si l'on décide d'inclure l'amour et la poésie dans les traces laissées par Dieu dans la création, ce serait un non-sens, ou un aveuglement, de ne pas s'interroger sur le rôle de leur symétrique ; ou de leur contraire : le mal, le non-sens, l'absurdité, la non-poésie.

Différentes approches ont été envisagées pour étudier la question du rapport de Dieu au mal. On peut tout d'abord s'interroger sur ce qu'en ont perçu les écrivains bibliques. Et le récit bien connu de la chute de l'Homme dans le Jardin en Éden – ou de la tentation de l'Homme par le Serpent – nous fournit une première porte d'entrée. Selon la lecture habituelle de ce récit, le Serpent est l'inventeur du mal, et c'est la liberté des hommes qui a rendu possible la propagation du mal originel. Pas plus que des parents ne peuvent être tenus pour responsables des fautes de leurs enfants adultes, Dieu ne peut l'être de l'adhésion de ses créatures au mal. Il s'agit du discours apologétique qui s'attache à disculper Dieu. Et donc à l'innocenter : *C'est la cause de Dieu que l'on plaide* (Leibniz).

La faiblesse de cette approche tient au fait qu'elle est simpliste, et n'est donc d'aucune utilité pour faire avancer le problème. L'enquête sur le mal s'arrêtant au Serpent, qui n'est ni Dieu, ni Homme, personne ne répondra jamais du mal. Or, un Dieu qui, dans les récits de la création, est présenté comme un Dieu responsable, n'a rien à gagner à ce que le problème du mal soit traité en dehors de lui. Ce serait un Dieu qui donnerait l'impression de se retirer sain et sauf du problème, alors qu'il est vital qu'il y soit. Une autre faiblesse de cette approche tient à ce qu'elle ne rencontre pas le cri de détresse de l'Homme. À ce prix, la défense de Dieu devient totalement inopérante, parce que purement intellectuelle. Et donc artificielle.

Une seconde façon de réagir à la question du mal, est de ne pas s'arrêter au Serpent, ou à l'humain, mais de faire passer cette question par celui qui a créé le Serpent. Et donc d'interpeller Dieu. Éclairante de ce point de vue est l'enquête que Dieu lui-même mène à propos des circonstances de l'apparition du mal : *Yahvé Dieu dit à la femme : "Qu'as-tu fait là ?" et la femme répondit : "C'est le serpent qui m'a séduite, et j'ai mangé"* (Gn **3**,13).

Après que la *femme* ait nommé le Serpent, l'enquête de Dieu aurait pu continuer. Or elle s'arrête là, l'aveu d'Ève lui suffit : l'auteur du mal, c'est le Serpent. Au Serpent Dieu ne demandera donc pas : "*Qu'as-tu fait là ?*", car il sait que celui-ci aurait eu beau jeu de lui rétorquer : "*Et toi, pourquoi m'as-tu fait comme je suis ?*". Or si le Serpent – un animal que Dieu avait fait ! – *est* l'auteur du mal, alors, d'une façon ou d'une autre, la responsabilité divine est engagée. Et c'est à Dieu de s'interroger : *N'aurais-je pas entraîné les humains sur une route qui va au-delà de leurs forces ? Ne suis-je pas le premier responsable du mal ?*

C'est à partir de ce récit que le philosophe Luigi Pareyson a entrepris de donner du rapport de Dieu au mal une vision philosophico-religieuse. Vision basée sur l'idée que si Dieu est à l'origine de tout, il l'est également du mal. Selon Luigi Pareyson, à la chute de l'Homme, et donc à l'irruption du mal dans la création, concourent trois éléments : la possibilité du mal caché en Dieu ; ou du *mal qui sommeillait en Dieu* ; l'énergie de la liberté qui, extrêmement puissante en Dieu, a également été donnée à l'Homme comme cadeau de naissance ; et une charge de négativité de la nature humaine qui prend l'allure d'une pulsion de mort, ou d'une révolte, d'une attitude blasphématoire face à la divinité : *Cette conception de l'ambiguïté divine et de la présence du mal en Dieu permet d'expliquer la non-irréalité du mal et sa préexistence au monde humain sans pour autant démoniser la divinité. Avec l'idée que le mal en Dieu est seulement la* possibilité *du mal, qui ne peut être traduite en* réalité *que par l'œuvre de l'Homme, au moment de sa chute, on écarte le risque, inhérent à la présence du mal en Dieu, de le sataniser.*[15] *Pour éviter la démonisation de Dieu il n'est pas nécessaire de retomber dans la vision optimiste de la théodicée : on peut repousser le Dieu sans faille de la théodicée et reconnaître en lui quelque chose d'opaque, presque une ombre, sans le sataniser pour autant.* (...) *Et c'est dans ce sens que la présence du mal en Dieu a au moins cette signification, d'être la loi de l'Univers selon laquelle la connaissance du mal est indispensable au bien et le chemin de la joie ne peut être qu'un chemin douloureux.*[16]

Bien avant la pensée chrétienne, la philosophie juive avait, elle également, été confrontée au paradoxe d'un Dieu, supposé bon et tout-puissant, d'un Dieu qui, pour un Juif croyant, est éminemment le *Seigneur de l'Histoire* ; mais un Dieu qui, pourtant, ferme les yeux sur le mal dans le monde. Au centre de cette question, le Livre de Job est, depuis toujours, *la* référence juive par excellence. On y voit le Satan, Ange de la cour céleste chargé de faire régner la justice sur terre, demander à Dieu de pouvoir tester Job, homme juste et bon s'il en est. Pour ce faire, il suggère à Dieu d'*étendre la main* afin de laisser venir sur Job des malheurs de plus en plus insoutenables. Et Dieu, abandonnant Job au pouvoir du Satan, accède à cette demande : Job est livré au mal.

C'est à la lumière du Livre de Job que des penseurs juifs ont tenté de proposer une clé de compréhension théologique du rapport de Dieu au mal. Mais également une clé de compréhension théologique de l'événement qui, au vingtième siècle, a personnifié le mal par excellence : cet événement qui porte le nom d'*Auschwitz.* Ce qui nous amène à la seconde approche du rapport de Dieu au mal : non plus uniquement en scrutant ce qu'en disent les écrivains bibliques, mais en confrontant ce rapport aux données de l'Histoire. Hans Jonas le fait en prenant acte de ce qu'aucune réflexion antérieure ne peut plus être invoquée au vu de ce qui s'est déroulé :

---

[15]Il existe une analogie intéressante entre l'analyse que propose Pareyson à propos de la *possibilité* du mal en Dieu et celle de Prigogine qui voit, tant dans la dynamique classique que dans la physique quantique, des *possibilités* à propos de la naissance et de l'évolution de l'Univers.

[16]L. Pareyson, *Ontologie de la liberté. La souffrance et le mal*, p. 155-156, Édition de l'éclat, Paris, 1998 ; voir également p. 35-36.

À l'expérience juive de l'Histoire, Auschwitz ajoute en effet un inédit dont ne sauraient venir à bout les vieilles catégories théologiques. Et quand on ne veut pas se séparer de Dieu – comme le philosophe lui-même en a le droit –, on est obligé, pour ne pas l'abandonner, de le repenser à neuf et de chercher une réponse, neuve elle aussi, à la vieille question de Job. Dès lors, on devra donner congé au "seigneur de l'Histoire". Donc : quel Dieu a pu laisser faire cela ?[17]

Quand on ne veut pas se séparer de Dieu: ce postulat posé par Hans Jonas a donné lieu à différents développements. C'est tout d'abord Hans Jonas lui-même qui nous livre son concept de Dieu après Auschwitz: *Pendant toutes les années qu'a duré la furie d'Auschwitz, Dieu s'est tu. Les miracles qui se produisirent vinrent seulement d'être humains : ce furent les actions de ces justes, isolés, inconnus parmi les nations, qui ne reculèrent pas même devant l'ultime sacrifice pour sauver Israël, pour adoucir son sort, voire, s'il ne pouvait en être autrement, pour le partager à cette occasion. Mais Dieu, lui, s'est tu. Et moi, je dis maintenant : s'il n'est pas intervenu, ce n'est point qu'il ne le voulait pas, mais parce qu'il ne le pouvait pas.*[18]

Si la relation de Dieu au monde implique une non-intervention, ceci ne signifie cependant pas, toujours selon Hans Jonas, une indifférence, ou un désintéressement. Mais, bien au contraire, une inquiétude, un souci, voire même une préoccupation pour l'au-delà, pour le "monde en devenir" : *Tout monde nouveau susceptible de naître après la fin d'un monde passé aura dans son propre héritage, pour ainsi dire, le souvenir de ce qui l'a précédé ; ou en d'autres termes : il n'y aura pas une éternité indifférente et morte, mais une éternité s'accroissant avec la récolte accumulée du temps.*[19]

En lien avec l'événement d'Auschwitz, le philosophe israélo-autrichien Martin Buber parle, lui, d'*Éclipse* de Dieu :

---

[17]H. Jonas, *Le Concept de Dieu après Auschwitz*, p. 13, Payot & Rivages, Paris, 1994.

[18]H. Jonas, *ibidem*, p. 34.

[19]H. Jonas, *ibidem*, p. 26.

La Shoa est une Éclipse de Dieu. Comme toute éclipse, elle est passagère. Le rideau qui est tombé sur le monde entre 1933 et 1945, et qui l'a coupé de sa communication avec Dieu, se relève. La lumière revient. (...) Les prophètes bibliques étaient morts en victimes de leur Shoa, mais ils avaient pré-vu, pres-senti et pré-dit le Retour et la Rédemption. Buber invite les rescapés de la Shoa à se resituer dans la Bible, et à prendre au sérieux *cette Lumière qui, sinon fatalement, du moins prophétiquement, surgit après les ténèbres de l'Éclipse.*[20]

Impossible dans le contexte du rapport de Dieu au mal de ne pas évoquer l'œuvre d'Élie Wiesel. Rescapé d'Auschwitz, puis écrivain, son œuvre témoigne, à sa façon, du fait que toute rencontre de l'Homme, fût-ce avec le mal, avec les exterminateurs, avec les bourreaux génocidaires, est également une rencontre avec Dieu. Pour Élie Wiesel, Dieu existe, Il était même présent dans l'enfer concentrationnaire nazi, mais il a choisi de se taire, de laisser faire. Quant à Élie Wiesel, il a choisi la voie de la révolte métaphysique.

Voie qu'emprunte également la poétesse et écrivaine Margarete Susman qui prend acte de ce qu'il y a des situations historiques dans lesquelles l'Histoire dérape. Situations qui invitent à réfléchir, ou à se recueillir. Dieu se retire dans son absence, l'Homme dans sa lâcheté. Alors, dans la place laissée vide s'engouffre le mal, le Satan du Livre de Job, incarné, au vingtième siècle, par l'idéologie nazie. L'acte de retrait divin est interprété par Margarete Susman comme un défi lancé par Dieu à son partenaire dans l'Alliance, afin que celui-ci, l'Homme, accepte, en présence d'un Dieu qui cache sa Face, de relever le défi, de cultiver *l'espérance malgré tout.* Car si, dans la Bible, à la base de la condition humaine se trouve la notion de liberté, à la racine de la vocation humaine germe celle d'espérance.[21]

---

[20] A. Neher, *L'identité juive*, p. 187-188, Seghers, Paris, 1977.

[21] Un remarquable exposé des éternelles interrogations que se sont posées les penseurs du judaïsme à propos de la question de "Dieu après Auschwitz" peut être trouvé dans le chapitre "D'Auschwitz à l'état d'Israël, l'éternelle question de Job", de l'ouvrage *L'identité juive* d'André Neher. Chapitre qui a inspiré les lignes ci-dessus.

Si, pour certains, le dessein de Dieu s'inscrit avec la force de l'évidence dans les données de l'Histoire, par exemple dans la vie et l'œuvre de Jésus de Nazareth, pour d'autres, ces données de l'Histoire sont avant tout les drames vécus, les tragédies, les catastrophes, l'impersonnalité des lois de la Nature. Si bien qu'on peut comprendre que la majorité de nos contemporains ne soient plus tout à fait sûrs qu'existe un Dieu bon, un Père qui veille sur eux dans les cieux. Et qu'il est même parfois difficile de ne pas leur emboîter le pas. À moins que...

Oui à moins que, quitte à paraître à la fois narcissique et naïf, des choses personnelles, largement indémontrables et donc non généralisables, m'incitent à une vision différente. Moi, je suis sensible aux relations avec des personnes. Et à la pérennité de ces relations. Temps de rencontres et de partages dans lequel se déploie toute notre existence humaine et qui, pour moi, n'a aucune raison de s'arrêter avec la mort. Car dire que la mort est passage, c'est penser qu'elle n'équivaut pas à l'anéantissement des relations entre ceux et celles qui se sont aimés ici bas. En particulier, l'amour entre deux êtres est une force inextinguible, *forte comme la mort*, que le sage renonce à comprendre (Cantique **8**,6). Ce qui fait qu'il ne serait pas complètement fou, ou absurde, l'espoir de retrouver, par-delà la mort, ceux et celles que nous avons aimés, avec qui nous avons partagé. Pour des raisons qui me sont personnelles, mais qui me paraissent aussi valables, je crois donc à l'authenticité de ce que Bernard d'Espagnat a appelé *appels de l'Être*. La notion d'*Être* devant être comprise comme étant la totalité de ce qui est, la réalité en soi, ou *Dieu*, si on veut. Appels dont la rencontre avec certaines personnes, leur fidélité dans les partages, les échanges, mais aussi plus largement, l'intuition *de choses situées au-delà des mots* (B. d'Espagnat), ont été, pour moi, les canaux privilégiés. Ou les signes les plus concrets.

Première partie : la physique pour penser

Une très bonne question m'a un jour été posée : "À supposer que vous soient présentés des arguments scientifiquement reconnus par vous comme valables et qui réfuteraient sans conteste possible une de vos intuitions majeures : choisiriez-vous alors l'intuition ou le rationnel ?" La réponse d'un homme de science ne pouvait certes faire de doute, mais je voudrais qu'elle soit connue : bien entendu je choisirais le rationnel !

Bernard d'Espagnat

L'expérience que nous avons acquise jusque là justifie que nous admettions avec confiance que la Nature est la réalisation de ce qui est le plus simple à concevoir mathématiquement. Grâce à une construction purement mathématique, je pense que nous pouvons trouver les concepts qui fournissent la clé pour comprendre les manifestations de la Nature. Les concepts mathématiques utilisables peuvent être suggérés par l'expérience, mais en aucun cas en être déduits. L'expérience reste bien entendu le seul critère de l'utilité physique d'une construction mathématique, mais le véritable principe créateur réside dans les mathématiques. Dans un certain sens je crois que la pensée pure peut appréhender la réalité, comme en rêvaient les anciens.

Albert Einstein

1
Mathématiques et réalité

Dans le chapitre introductif, j'ai évoqué la physique comme étant la *langue naturelle* de la Nature ; plus spécifiquement celle de la réalité empirique. Or si nous voulons entrer en dialogue avec la Nature, en vue de la comprendre, nous devons inventer une langue qui le permette, une langue dans laquelle la langue naturelle de la physique puisse être traduite. Dans cette perspective, la langue des mathématiques apparaît aujourd'hui comme incontournable : dès que sont admis comme vrais ses principes et postulats, alors ses démonstrations et théorèmes deviennent d'une certitude absolue.

Ainsi, et selon la vision d'Albert Einstein, il existe *a priori* une réalité gouvernée par les lois de la Nature (observables par le biais des expériences humaines) et dont la formulation la plus simple et la plus performante est fournie par les mathématiques. En d'autres termes, correctement interprétés en termes de choses de la réalité (empirique), les théorèmes des mathématiques constituent un extraordinaire outil pour faire de bonnes prédictions.[1]

[1] A. Einstein, *La géométrie et l'expérience*, Gauthier-Villars, Paris, 1964 ; voir également : *Les génies de la science. Einstein, le père du temps moderne*, p. 54.

Les mathématiques sont une langue qui a été créée par l'Homme. Contrairement à la physique au sens de langue de la Nature, elle ne préexistait pas à l'Homme. Pour cette raison la langue des mathématiques est qualifiée de *langue artificielle.* Cette langue jouit de la propriété de pouvoir aisément être traduite dans celle de la physique. Ce qui a permis à Gottfried Leibniz d'affirmer : *les mathématiques sont comme la logique de la physique* [ou de la réalité empirique].

Lorsque les propositions des mathématiques se rapportent aux concepts de la réalité, un dialogue peut s'instaurer entre l'Homme et la Nature, prise au sens de réalité empirique. Sans ce dialogue, les sciences dites exactes n'auraient jamais pu progresser à ce point. Ainsi, par exemple, si la mécanique d'Isaac Newton marque bien un pas des plus décisifs réalisé par l'esprit humain dans son effort d'établir un lien causal entre les phénomènes de la Nature, ce pas n'aurait jamais pu être franchi sans l'invention par Isaac Newton, Gottfried Leibniz et Pierre de Fermat, du calcul infinitésimal, encore appelé calcul différentiel et intégral.

C'est ensuite Albert Einstein qui eut l'heureuse fortune de pouvoir disposer du calcul différentiel absolu – encore appelé calcul tensoriel – inventé en 1899 par Levi-Civita et Ricci. Sans cet outil mathématique il n'aurait pas pu mener à terme sa théorie de la relativité générale. En effet, la géométrie qui s'harmonise avec cette théorie est celle d'une surface non-euclidienne de l'espace-temps et le calcul différentiel adapté à une telle surface est précisément le calcul différentiel absolu. Calcul dont Albert Einstein était totalement ignorant jusqu'à ce que son ancien condisciple, le mathématicien Marcel Grossmann, le lui fit connaître. On dit que cette péripétie de sa recherche fut à l'origine d'un changement radical d'opinion à l'égard des mathémiques comme en témoigne sa lettre adressée en 1912 au physicien théoricien allemand Wilhelm Sommerfeld : *Je m'occupe exclusivement du problème de la gravitation, et je crois maintenant que je surmonterai toutes les difficultés avec l'aide d'un ami mathématicien* [Grossmann] *d'ici. Il y a au moins une chose de certaine, c'est que je n'avais jamais travaillé aussi dur de ma vie, et que j'ai acquis un grand respect pour les mathématiques, dont j'avais jusqu'à présent, dans mon innocence, considéré les aspects les plus subtils comme un luxe superflu ! À côté de ce problème, la première théorie de la relativité est un jeu d'enfant.*[2]

En conclusion, pas de relativité générale sans le calcul tensoriel. Mais pas non plus de théorie de l'électromagnétisme sans les équations de Maxwell qui font usage des opérateurs liés aux équations aux dérivées partielles du calcul différentiel. Et pas de cinématique des corps célestes sans la théorie des coniques qui est une branche de la géométrie analytique. Enfin pas de traitement automatique (ou informatique) des langues parlées sans le formalisme de la logique mathématique. Toute avancée scientifique est donc redevable, d'une façon ou d'une autre, à une branche des mathématiques.

En résumé on peut dire que la Nature parle une certaine langue : la physique ; que les humains ont inventé une autre langue : les mathématiques ; et que la physique peut aisément être traduite dans les mathématiques. Ce qui permet un échange, un dialogue, entre l'Homme et la Nature. Plus précisément entre l'Homme et la réalité empirique.

L'adéquation des mathématiques pour décrire le réel nous renvoie à la question de leur genèse. Selon toute probabilité les mathématiques ont d'abord été créées en vue de fournir une information sur les choses de la Nature. C'est ainsi qu'une des premières langues des mathématiques fut conçue par Euclide, mathématicien grec du troisième siècle avant notre ère. La géométrie euclidienne a dû son existence au besoin qu'avaient les hommes de savoir quelque chose à propos des objets de la Nature. Le nom, *géométrie*, le montre en effet : ce terme signifie *mesure du terrain*, c'est-à-dire relevé des positions de diverses parties de notre environnement journalier.

La géométrie euclidienne traite de points, de droites, de surfaces, de périmètres, etc. Cette géométrie a ensuite été étendue, par Archimède d'abord, par Blaise Pascal et René Descartes ensuite. Par exemple, la géométrie analytique au

[2] *Les génies de la science. Einstein, le père du temps moderne*, p. 49.

sens de Descartes traite algébriquement de coniques, c'est-à-dire de cercles, d'ellipses, de paraboles, d'hyperboles. Et donc cette géométrie peut servir à modéliser l'orbite des corps célestes dans l'espace. Nous savons en effet que les trajectoires des planètes et, plus généralement, de tous les corps qui apparaissent périodiquement (comme par exemple les comètes), sont, en première approximation, des ellipses. Tandis que celles des corps qui ne nous apparaissent qu'une seule fois (telles les hypothétiques comètes interstellaires) sont des paraboles ou des hyperboles.

Ici surgit une distinction qu'il faut faire entre *géométrie pure* et *géométrie appliquée*. Et, plus généralement, entre *mathématiques pures* et *mathématiques appliquées*. Les énoncés de la géométrie appliquée reposent (comme nous venons de le voir) sur les correspondances qui existent entre le contenu de ses énoncés et le comportement des objets physiques de la Nature. Mais il existe aussi une autre démarche. Celle où l'on conçoit *a priori* une géométrie, ou, plus généralement, une langue mathématique, que l'on qualifiera de *pure* parce que ses énoncés sont des créations de l'esprit humain et ne présupposent aucune correspondance avec des objets de la Nature, avec des *choses*. Un point de vue extrême conduit à dire que c'est en fait de l'imagination pure d'un théoricien que surgissent les axiomes, les règles et les énoncés d'une nouvelle langue artificielle.

Ces énoncés, qui obéissent à une *syntaxe*, sont donc séparés de tout contenu objectif ou intuitif (de toute *sémantique*). Les seules choses qui sont supposées sont la validité des axiomes de la théorie et le caractère logique des déductions conduites à partir de ces axiomes. Choses qui sont également supposées pour les géométries (et les mathématiques) appliquées qui, elles, doivent en plus satisfaire à la nécessité de correspondre avec les contraintes (avec les lois) de la Nature. Cette correspondance doit être rigoureusement spécifiée par des méthodes d'interprétation de la langue artificielle ; méthodes qui constituent la *sémantique* de cette langue.

La différence entre géométrie pure et géométrie appliquée peut être illustrée au moyen d'un exemple. Comme nous l'avons vu, la géométrie d'Euclide est une géométrie appliquée puisqu'elle est supposée être conçue pour décrire notre environnement journalier. Cette géométrie est fondée sur la validité du postulat des parallèles qui énonce qu'à partir de tout point extérieur à une droite, une et une seule parallèle peut être tirée. Mais d'autres géométries ont été imaginées au dix-neuvième siècle par les mathématiciens Gauss, Lobatchevski et Riemann. Géométries qui peuvent être qualifiées de pures parce que, au départ au moins, elles ne reposaient pas sur l'observation de choses de la réalité. Ces géométries modifiaient le postulat d'Euclide dans le sens où, par un point, soit zéro, soit une infinité de parallèles peuvent être menées à une droite donnée. Il s'agit donc de géométries qui sont une pure construction de l'esprit humain en dehors de toute connexion avec une physique, ou avec la réalité. Et c'est précisément ici que se situe un événement, que l'on peut qualifier d'*interpellant.*

Depuis les dix-septième et dix-huitième siècles, les lois de Newton – dont la loi de gravitation universelle – étaient considérées comme celles qui régissaient le mouvement des corps matériels, aussi bien dans l'espace qu'à la surface de la Terre. Au dix-neuvième siècle, la doctrine newtonienne de l'attraction universelle était même devenue un dogme intouchable. Or il se fait que l'*espace newtonien* est un *espace plan.* Sa géométrie est donc celle d'Euclide. Dans sa projection à deux dimensions l'espace newtonien s'apparente à une surface plane et rigide. Les corps célestes, étoiles, planètes, y sont *posés* et la lumière circule entre eux selon des droites.

Au début du vingtième siècle le dogme newtonien fut mis à mal par Albert Einstein et sa théorie de la relativité générale. Ici, l'*espace-temps* est *courbe.* Sa géométrie n'est plus celle d'Euclide mais celle des géométries imaginées au dix-neuvième siècle par les mathématiciens Gauss, Lobatchevski et Riemann. Dans la théorie newtonienne, c'est la force de gravitation qui constitue l'élément fondamental tandis que dans la théorie einsteinienne l'élément fondamental est la courbure de l'espace.

Dans sa projection à deux dimensions, l'espace-temps einsteinien peut être modélisé par une membrane souple où sont posés les corps célestes qui creusent la membrane plus ou moins profondément. Certains corps particulièrement massifs, comme par exemple les trous noirs, creusent la membrane si profondément qu'ils la trouent. Dans cet espace-temps, la lumière ne se propage plus en ligne droite, mais sa trajectoire est celle d'une bille lancée sur une surface comportant des inégalités : les creux provoqués par la masse des corps. Lorsque cette lumière atteint un objet dont la masse est particulièrement imposante – un trou noir –, elle s'y perd sans espoir d'en ressortir. Les géométries de Gauss, Lobatchevski et Riemann qui, au départ, étaient des géométries pures, sont donc devenues, par la grâce de la relativité générale, des géométries appliquées ![3]

Cette observation met en évidence un fait capital : il y a *quelque chose*, qui n'est pas l'Homme, et qui décide laquelle de ces géométries (laquelle de ces mathématiques) est *adéquate* pour décrire le réel et laquelle ne l'est pas. Cette observation fait qu'il semble logique de postuler l'existence d'une réalité antérieure à la connaissance humaine, de *quelque chose* (d'une physique) qui ne procède pas de *nous* et qui existe avant *nous*. Cette position, Bernard d'Espagnat la nomme *réalisme ouvert*. Elle se formule : *Il y a "quelque chose", (ce "quelque chose" est-il l'ensemble de tous les objets, celui de tous les atomes, celui de tous les événements, Dieu, l'ensemble des Idées platoniciennes ? À ce stade, nous dirons seulement "quelque chose") dont l'existence ne procède pas de l'existence de l'esprit humain.*[4]

Le réalisme ouvert disant simplement *il y a quelque chose*, sans rien préciser quant à la nature de ce quelque chose, ce réalisme reste donc ouvert à toute analyse et conclusions ultérieures. En particulier, il ne postule rien relativement à la nature et aux propriétés de ce qui est. Plus précisément à la nature de la *réalité en soi*. La question que les scientifiques se posent tout naturellement à propos de ce *quelque chose* est : est-il, ou sera-t-il, un jour connaissable par l'Homme ?

---

[3] A. Einstein, *La géométrie et l'expérience*, Gauthier-Villars, Paris, 1964.

[4] B. d'Espagnat, *Le réel voilé*, p. 335, Fayard, Paris, 1994 ; également : B. d'Espagnat, *Traité de physique et de philosophie*, p. 36, Fayard, Paris, 2002.

Il s'agit d'une question qui doit d'abord être traitée par les sciences exactes. La conjecture est actuellement que la physique doit se contenter de décrire les phénomènes de la réalité empirique et que, pour cette tâche, les mathématiques constituent l'outil le plus adéquat. Quant à la réalité en soi, sa connaissance est, selon Bernard d'Espagnat, non pas *complètement* hors de notre portée, mais *largement* en dehors. En un mot : elle est *voilée.*

Ce qui fait que la plupart des scientifiques tomberaient plus où moins d'accord avec ce qu'écrit le philosophe des sciences Pierre Duhem : *Le physicien a beau se pénétrer de cette idée que ses théories n'ont aucun pouvoir pour saisir la réalité* [en soi], *qu'elles servent uniquement à donner des lois expérimentales une représentation ordonnée et classée ; il ne peut se forcer à croire qu'un système* [mathématique] *capable d'ordonner si simplement et si aisément un nombre immense de lois, de prime abord si disparates, soit un système purement artificiel ; par une intuition où Pascal eût reconnu une de ces raisons du cœur "que la raison ne connaît pas", il affirme sa foi en un ordre réel dont ses théories sont une image, de jour en jour plus fidèle.*[5]

[5]P. Duhem, *La théorie physique*, Paris, 1914 ; cité par Bernard d'Espagnat, *Le réel voilé*, p. 353, Fayard, Paris, 1994.

Dans tout système suffisamment riche on peut formuler des propositions qui, dans le système, ne sont ni démontrables, ni réfutables, à moins que le système soit lui-même incohérent. Tu peux décrire ton propre langage dans ton propre langage ; mais pas totalement. Tu peux explorer ton propre cerveau à l'aide de ton propre cerveau ; mais pas totalement. Pour se justifier, tout système imaginable doit se transcender, c'est-à-dire se détruire.

Hans Magnus Enzenberger

2
Incomplétude, incertitude

Les théorèmes d'incomplétude de Gödel

Impossible dans le prolongement d'un chapitre qui peut apparaître comme étant à la gloire des mathémathiques de ne pas dire un mot des théorèmes d'incomplétude de Gödel. Ces théorèmes prouvent qu'un système d'axiomes cohérent et suffisamment expressif est susceptible d'engendrer des énoncés dont la validité ne peut être démontrée dans le cadre de ce système d'axiomes. En d'autres termes, il y existe dans le cadre de systèmes d'axiomes, des énoncés dont on ne peut prouver ni la véracité, ni la fausseté. On dit que le système d'axiomes est *incomplet* dans le sens où ce qui est vrai n'est pas nécessairement démontrable.[1] On dit également d'un système d'axiomes qu'il est *incohérent* dans le sens où ce qui est démontrable n'est pas nécessairement vrai. Ce que l'on attend normalement d'un système d'axiomes c'est qu'il soit à la fois *complet* et *cohérent.*

[1]La restriction *dans le cadre de système d'axiomes* est importante. Comme le souligne le philosophe et logicien finlandais Jaakko Hintikka dans son ouvrage *Sur Gödel*, cité dans *Les génies de la science*, le premier théorème de Gödel ne démontre pas qu'il existe en arithmétique (ou dans un autre système) des propositions vraies mais absolument indémontrables. Il montre plutôt que toutes les propositions vraies de l'arithmétique ne peuvent pas être démontrées dans le cadre d'un seul et unique système d'axiomes.

C'est ainsi que le premier théorème de Gödel établit par exemple qu'une théorie suffisante pour y démontrer les théorèmes de base de l'arithmétique est nécessairement incomplète, au sens où il existe des énoncés de cette arithmétique qui n'y sont ni démontrables, ni réfutables (un énoncé est démontrable si on peut le déduire des axiomes de la théorie, il est réfutable si on peut déduire sa négation).

Gödel introduit son mémorable article sur l'incomplétude par l'avertissement suivant : *Le développement des mathématiques vers plus de précision a conduit à la formalisation de vastes domaines de telle sorte que les démonstrations puissent être développées en suivant un petit nombre de règles mécaniques. Les systèmes formels les plus étendus à ce jour sont, d'une part, les* Principia Mathematica *de Withehead et Russell et, d'autre part, le système de Zermolo-Fraenkel de la théorie axiomatique des ensembles. Ces deux systèmes sont si vastes que toutes les méthodes de démonstration utilisées aujourd'hui en mathématiques peuvent y être formalisées, c'est-à-dire peuvent être réduites à un petit nombre d'axiomes et de règles de déduction. Il semblerait donc raisonnable de conjecturer que ces axiomes et ces règles de déduction suffisent pour décider de toutes les questions mathématiques qui peuvent être formulées dans le système concerné. Dans ce qui suit, il sera montré qu'il n'en est pas ainsi, mais plutôt, que dans les deux systèmes cités, il existe des problèmes relativement simples de la théorie des nombres entiers ordinaires dont on ne peut décider, sur la base des axiomes, s'ils sont vrais ou faux.*[2]

Du théorème d'incomplétude découle une conséquence fondamentale. En 1928, David Hilbert, un des plus éminents mathématiciens de son temps, pensait que l'on pouvait démontrer la complétude d'un système d'axiomes. Deux ans plus tard, par ses théorèmes d'incomplétude qui fixent les limites de la méthode axiomatique, Gödel démontra qu'il n'en était rien.

[2]Cité par : Raymond Smullyan, *Les théorèmes d'incomplétude de Gödel*, p. 1, Masson, Paris, 1993.

Gödel compare la démonstration de son théorème au paradoxe du Crétois (attribué à Épiménide). Épiménide, un Crétois dit que tous les Crétois sont des menteurs. Étant Crétois lui-même, il doit inévitablement mentir. S'il dit *je mens* est-ce qu'il ment ? S'il ment c'est qu'il ne ment pas. S'il ne ment pas c'est qu'il ment. Ce qu'il dit affirme sa propre fausseté. Le paradoxe peut encore être formulé ainsi : *La proposition que je viens de formuler selon laquelle tous les Crétois sont des menteurs n'est pas vraie.* Cette phrase est donc vraie si et seulement si elle est fausse.

Le même paradoxe peut être présenté sous de nombreuses formes bien plus rigoureuses. Raymond Smullyan présente une analogie plus proche du théorème de Gödel que celle du Crétois : *Imaginons un pays où tous les habitants disent toujours la vérité ou mentent toujours. Certains habitants sont Athéniens et d'autres sont Crétois. Il est supposé que tous les Athéniens du pays disent toujours la vérité et que tous les Crétois du pays mentent toujours. Quelle phrase pourrait formuler un habitant pour vous convaincre qu'il dit toujours la vérité bien qu'il n'est pas Athénien ? Tout ce qu'il lui faudrait dire c'est : "Je ne suis pas un Athénien". Un menteur ne pourrait pas le proclamer (car il est vrai qu'un menteur n'est pas un Athénien ; seuls ceux qui disent la vérité peuvent être Athéniens). Par conséquent, il doit dire la vérité. Donc sa phrase était vraie, ce qui veut dire qu'en vérité, il n'est pas Athénien. De sorte qu'il dit la vérité et qu'il n'est pas Athénien. Si nous considérons que les Athéniens jouent le rôle des énoncés du langage qui non seulement sont vrais mais encore prouvables, alors tout habitant qui proclame qu'il n'est pas Athénien joue le rôle d'un énoncé de Gödel qui affirme sa propre non prouvabilité.*[3]

Les mathématiciens avaient pensé que la méthode axiomatique conduirait, dans le cadre du langage formel des mathématiques, à un système rigoureux et complet de déduction des propositions. Les théorèmes d'incomplétude de Gödel mettent en évidence les limites de cette méthode.

[3]Raymond Smullyan, *Les théorèmes d'incomplétude de Gödel*, p. 9, Masson, Paris, 1993.

On dit que lorsque Gödel mit Einstein (qui voulait conserver la causalité stricte selon laquelle un effet est entièrement déterminé par des actions antérieures) face aux conséquences extrêmes de ses théorèmes, le doute s'installa chez le savant...

Aujourd'hui, les conséquences, tant mathématiques que physiques ou que philosophiques, des théorèmes de Gödel qui établissent l'impossibilité de démontrer la consistance d'un système formel contenant l'arithmétique par des procédés restant *à l'intérieur* du système lui-même tendent à nous rendre sceptiques à l'égard de l'idéal de certitude de la science. Comme le souligne le titre de l'ouvrage d'Ilya Prigogine : *La fin des certitudes.* Bernard d'Espagnat quant à lui parle d'*objectivité faible* de la physique : *Un énoncé est dit "à objectivité faible" quand il met la notion d'observateur en jeu mais se pose lui-même comme vrai pour n'importe quel observateur.* En d'autres termes, si les descriptions formelles – ou mathématiques – de la réalité permettent – pour la plupart – de voir comment cette réalité est *pour nous*, elles ne permettent pas de voir comment elle est *pour elle-même*, ou *indépendamment de nous.*

Les théorèmes d'incomplétude de Gödel impliquent l'ouverture d'un nouveau chapitre dans l'histoire féconde des relations entre mathématiques et physique. Mais ils ont également un impact en dehors des sciences exactes. Voici ce qu'écrivit le philosophe chinois Hao Wang : *L'inépuisabilité algorithmique montre, selon Gödel, que soit l'esprit humain est supérieur à tous les ordinateurs, soit les mathématiques ne sont pas l'œuvre de l'esprit humain ; ou encore il montre les deux à la fois. Il est donc manifeste que le théorème* [de Gödel] *présente de l'importance tant pour la philosophie de l'esprit que pour la philosophie des mathématiques.*[4]

C'est dans ce même ordre d'idées que Hao Wang proposa encore une version du théorème de Gödel dans une terminologie plus adaptée au langage courant :

Le mathématiques sont inépuisables : elles ne peuvent être complétées.

[4] *Les génies de la science. Gödel*, p. 48.

Les relations d'incertitude d'Heisenberg

Les relations d'incertitude d'Heisenberg peuvent être considérées comme les analogues pour la physique des théorèmes d'incomplétude de Gödel pour les mathématiques. Dans l'esprit de Werner Heisenberg, toute description exacte des phénomènes dans l'espace et le temps est impossible.

Les relations d'incertitude, encore appelées *principe d'indétermination*, énoncées en 1927, par le savant allemand Werner Heisenberg, affirment que la détermination de certains couples de valeurs de physique classique, par exemple la position et la quantité de mouvement, ne peut se faire avec une précision arbitraire. C'est ainsi que nous ne pouvons pas connaître simultanément la position d'une particule et sa vitesse, ou sa trajectoire : *Selon les relations d'incertitude, dans la formulation* forte *de la loi de causalité :* la connaissance exacte du présent permet de calculer l'avenir, *ce n'est pas la conclusion qui est fausse, mais l'hypothèse. Car nous ne pouvons pas en principe connaître le présent dans tous les détails. C'est pourquoi toute expérience ou toute perception constitue un choix dans un ensemble de possibilités et une limitation de ce qui reste possible dans l'avenir. Du fait que le caractère statistique de la théorie quantique est lié intimement à l'imprécision de toute perception, il est permis de se demander si, derrière l'univers statistique de la perception se dissimule encore un univers "vrai" où la loi de causalité est valable. Mais de semblables spéculations nous apparaissent inutiles et vides de sens, car la Physique doit se borner à décrire les rapports entre les perceptions. Bien plus, le vrai problème se caractérise ainsi : comme toutes les expériences répondent aux lois quantiques, l'inexactitude de la loi de causalité est une conséquence définitivement établie de la mécanique quantique elle-même.*[5]

La position et la vitesse ne sont pas les seuls couples de quantités conjuguées à obéir au principe d'incertitude. Leonard Susskind en cite quelques autres. Dont le couple "énergie-temps" est probablement le plus aisé à saisir :

[5] Werner Heisenberg cité par René Dugas, *Histoire de la mécanique*, p. 576, Dunod, Paris et Éditions du Griffon, Neuchâtel, 1950.

Supposez qu'une physicienne expérimentale veuille faire entrer en collision deux particules à un instant donné. Le principe d'incertitude énergie-temps limite la précision avec laquelle elle pourra contrôler l'énergie des particules en question comme l'instant de leur collision. Plus on contrôle l'énergie avec précision, moins on connaît l'instant exact de la collision – et vice versa.[6]

Leonard Susskind cite encore comme exemple de couple de quantités conjuguées celui des champs électrique et magnétique. Ces champs sont les influences invisibles qui remplissent l'espace et contrôlent les forces sur les particules élémentaires chargées électriquement, comme l'électron et le proton. Pas plus que la vitesse et la position des ces particules, on ne peut déterminer simultanément les champs électrique et magnétique. Quand on connaît l'un, l'autre devient indéfinissable.

Les théorèmes d'incomplétude de Gödel couplés aux relations d'incertitude d'Heisenberg illustrent bien le paradoxe des mathématiques et de la physique qui, tout en se voulant être des *sciences exactes*, sont bien incapables d'expliquer tout ce qui est. Est significative à cet égard la position du philosophe mathématicien anglais Alfred Whitehead pour qui une grande partie du monde *glisse entre les mailles du filet scientifique.*[7] Ou celle de Bernard d'Espagnat, créateur du concept de *réel voilé*, pour qui la physique est avant tout une science de l'expérience humaine.[8] Ou encore celle de Wolfgang Pauli, inventeur avec Enrico Fermi du neutrino, qui, en divers passages de sa correspondance, n'hésite pas à parler de *l'irrationalité du réel.* Réel qui ne pourrait donc pas être entièrement modélisable par nos théories qui, elles, *sont* rationnelles. En d'autres termes, la vérité scientifique n'évacuerait pas totalement le mystère.

---

[6] L. Susskind, *Le paysage cosmique. Notre univers en cacherait-il des millions d'autres ?*, p. 40, Robert Laffont, Paris, 2006.

[7] Cité par Ilya. Prigogine, *La fin des certitudes*, p.224, Odile Jacob, Paris, 1996.

[8] B. d'Espagnat, *Le réel voilé. Analyse des concepts quantiques*, Fayard, Paris, 1994.

Notons encore que les relations d'incertitude font bien plus que d'expliquer cette incertitude comme provenant uniquement de la perturbation inévitable due à l'opération de mesure. En d'autres termes l'incertitude qui apparaît dans les calculs quantiques ne serait pas circonstancielle, ou fortuite, ou liée à l'humain : elle serait fondamentale, radicale. Devant renoncer à la complétude, les théories scientifiques ne dévoileraient donc pas plus l'essence des choses, ou la réalité en soi, que ne le font la connaissance mythique ou la révélation mystique. Ce qui fait que la physique rejoint les grandes interrogations de la philosophie et des religions. Ce qui est, en somme, une bonne chose.

Je peux dire en toute certitude que personne ne comprend la mécanique quantique. La mécanique quantique décrit la nature comme absurde du point de vue du bon sens. Mais elle a toujours été vérifiée par l'expérience. J'espère que vous pourrez accepter la nature comme elle est : absurde.

Richard Feynman

3
Regards sur la physique quantique

L'histoire de la physique quantique est jalonnée d'énigmes. Dont certaines ont été résolues et d'autres non, ou pas encore. La première concerne la nature de la lumière. On peut en effet faire remonter l'histoire des concepts quantiques à l'intérêt marqué par les scientifiques pour les phénomènes lumineux. Plus particulièrement aux conjectures qui, au dix-septième siècle, ont alimenté les débats entre Isaac Newton et Christiaan Huygens à propos de la nature de la lumière.

Pour Isaac Newton, un faisceau de lumière est constitué de particules matérielles émises par une source lumineuse et dirigées vers une cible. Selon le savant anglais, la mécanique de la lumière serait donc semblable à celle des autres corps matériels. Les expériences montraient en effet que le phénomène de réflexion de la lumière sur un miroir était analogue au rebondissement de balles lancées sur un mur. Due à sa simplicité, l'idée selon laquelle la lumière est constituée de corpuscules matériels – ultérieurement appelés *photons* – se propageant comme n'importe quel autre projectile obtint un succès immédiat. D'autant plus que, comme tout corps, la lumière relevait ainsi de la mécanique que Newton avait exposée en 1687 dans son œuvre majeure : *Philosophiæ naturalis principia mathematica.*

Par contre, pour le physicien hollandais Christiaan Huygens, contemporain d'Isaac Newton, la lumière est une onde, analogue aux ondes sonores qui propagent les sons dans l'air, ou aux vagues qui agitent l'eau des mers et des océans. Contrairement aux particules qui avancent réellement, les vagues donnent seulement l'*impression* d'une avancée de l'eau alors que son mouvement se fait de haut en bas. Présentée en 1678 et publié en 1690 dans son *Traité de la lumière*, la théorie ondulatoire de la lumière fut confirmée par des expériences. Parmi celles-ci, les plus connues furent conduites par Young et Fresnel et publiées en 1804, soit un peu plus d'un siècle après le décès de Huygens. Ayant observé que de la lumière superposée à de la lumière pouvait donner de l'obscurité, ce que seul un phénomène ondulatoire pouvait expliquer, Young et Fresnel en conclurent que la théorie ondulatoire de la lumière était bien la *bonne théorie*. Durant deux siècles les tenants de la théorie corpusculaire de la lumière et ceux de la théorie ondulatoire s'opposèrent sans qu'aucune de ces deux théories ne parvienne à supplanter définitivement l'autre. Jusqu'à ce que Albert Einstein mette fin au débat dans un article publié en 1905. Reprenant certains arguments développés en 1900 par le physicien allemand Max Planck, il émit l'hypothèse que la lumière était *à la fois* onde et particule. En 1909 il déclarait : *Je suis convaincu que la prochaine phase dans le développement de la physique nous amènera à une théorie de la lumière susceptible d'être interprétée comme une sorte de fusion des théories ondulatoire et corpusculaire.*[1]

Ainsi, selon Albert Einstein, tel Janus, la lumière posséderait un double visage : elle serait à la fois onde et particule. De façon plus précise, selon les expériences que nous faisons, elle se comporte soit comme une onde, soit comme une particule. Ceci met en évidence le fait – qui peut même être considéré comme fondateur de la physique quantique – que l'observateur joue un rôle central dans l'appréhension du réel. En d'autres termes, c'est l'observateur

[1]Cité par Étienne Klein dans : B. d'Espagnat et É. Klein, *Regards sur la matière. Des quanta et des choses*, Fayard, Paris, 1993.

qui crée, du moins en partie, la réalité. Ou encore, la réalité n'est pas objective, mais (largement) subjective. Et, loin de s'exclure, les modèles corpusculaire et ondulatoire de la lumière se complètent. C'est ce que Niels Bohr, un des co-inventeurs de la physique quantique, avait appelé le *principe de complémentarité.*[2]

La *prochaine phase dans le développement de la physique*, annoncée par Albert Einstein, allait donc être la physique quantique. Car la contribution du savant en faveur de la nature duale de la lumière avait ouvert la voie à un vaste champ d'investigation entièrement neuf qui conduisit les scientifiques à explorer jusqu'où pouvait les amener cette dualité. C'est ainsi que les deux façons différentes d'appréhender le phénomène lumineux ont permis de mettre en évidence le fait que, derrière une apparence qui nous est accessible par nos expériences, se cache une réalité inconnue. Et donc, si nous voulons progresser dans la connaissance du réel, nous devons dépasser les représentations imagées que nous nous en faisons. Comme par exemple le modèle corpusculaire du monde atomique dont les constituants (protons, neutrons et électrons) doivent davantage être vus comme des modèles mathématiques que comme des corpuscules ayant une existence en soi.

Cette vision *quantique* des choses découle, entre autres, du principe de Heisenberg – dit principe d'incertitude ou d'indétermination – selon lequel la position *et* la vitesse d'une particule ne peuvent être mesurées en même temps car cela supposerait que cette particule ait à la fois une position et une vitesse. Ce qui est impossible puisque que cette particule n'est pas un corpuscule matériel et n'aurait donc pas à chaque instant une position ni ne parcourrait une trajectoire.[3] Contrairement à ce que Albert Einstein disait de la lumière, qu'elle était *à la fois onde et particule*, il semblerait plus correct actuellement de dire qu'elle n'est *ni onde, ni particule.*

[2]Trinh Xuan Thuan, *Les voies de la lumière. Physique et métaphysique du clair-obscur*, p. 183, Fayard, Paris, 2007.

[3]Voir par exemple : É. Klein, *Les secrets de la matière*, Plon, Paris, 2015.

Intéressante à cet égard est l'idée de Bernard d'Espagnat selon laquelle, même si des modèles sont indispensables pour progresser dans la connaissance du réel, et qu'ils paraissent bien expliquer les phénomènes observés (comme par exemple le modèle atomique concevant les atomes comme des systèmes planétaires en réduction), il faut se garder de trop vite identifier le modèle à la réalité qu'il est supposé décrire : *Ainsi donc, dans le domaine du très petit, le traitement de l'observation par le truchement d'idées "claires et distinctes" (au sens cartésien de ces termes) nous a trompés. Ce que l'on croit que de tels raisonnements simples établissent en toute clarté, en fin de compte, ils ne l'établissent pas. Et comme l'hypothétique "invisible" par lequel on voudrait décrire le visible est, la plupart du temps, conçu à l'aide de concepts familiers, c'est-à-dire d'idées de cette espèce, on voit qu'il faut, à l'égard d'une telle méthode, demeurer franchement circonspect.*[4]

Ce que Bernard d'Espagnat écrit à propos de l'expérience scientifique est universel. Dans quelque domaine que ce soit (philosophique, religieux, historique, sociologique, etc.), nous ne pouvons nous passer de modèles, de récits fictionnels, de mythes, qui sont des *reconfigurations* de la réalité. Mais reconfigurations qui sont indispensables pour nos façons humaines de penser : *la fiction se met au service de l'inoubliable*, a dit le philosophe Paul Ricœur. Idée que développe également Adolphe Gesché dans le contexte de l'intrigue narrative de la foi identifiante : *La fiction (l'acte de façonner) devient ici le fil conducteur par lequel on organise la réalité, non pour la représenter (illusion positiviste) mais pour la présenter, la laisser voir (démarche phénoménologique). Elle n'est pas, dans le procédé narratif en tout cas, mensonge, féerie ou imagination. Raconter n'est pas conter. La fiction aménage la réalité en la ra-contant. Et "raconter", c'est discerner par l'esprit (Ricœur) : discerner donc, mais à propos de quelque chose qui existe bel et bien.*[5]

---

[4]B. d'Espagnat, *Traité de physique et de philosophie*, p. 51, Fayard, Paris, 2002.

[5]A. Gesché, *Dieu pour penser. VI : Le Christ*, p. 97, Cerf, Paris, 2001.

La physique classique avait toujours été considérée comme conduisant à une description de la réalité telle qu'elle est vraiment. La physique quantique étant une théorie essentiellement probabiliste, à la question *qu'est-ce que le réel ?*, elle ne répond que par des prévisions, jamais de certitudes. Elle conduit donc à dire ce que la réalité est *pour nous*, et non ce qu'elle est *en soi*. En ce sens elle rencontre certaines positions philosophiques bien affirmées.

Si la mécanique quantique est, entre autres, née de la constatation que toute onde avait également les caractéristiques d'une particule,[6] une autre mécanique, la mécanique ondulatoire conçue par le savant français Louis de Broglie, est née de l'idée que toute particule matérielle avait également les caractéristiques d'une onde. Selon les termes du savant : *L'étude du rayonnement noir avait fortifié en moi la conviction que, pour parvenir à une théorie complète de la lumière et des radiations, il fallait chercher à unir l'idée des corpuscules avec l'idée des ondes. Mais, en y réfléchissant, j'ai eu tout à coup l'intuition qu'une semblable union des ondes et des particules était aussi nécessaire dans la théorie de la matière. Ainsi est apparue l'idée d'étendre à la matière la dualité corpuscules-ondes qui s'était imposée pour la lumière.*[7]

À propos de cette dualité, Louis de Broglie écrira encore : *La théorie de la lumière souffrait d'une étrange maladie, se traduisant par le dualisme antagoniste de Fresnel et de Maxwell, d'une part ; de photons d'autre part. Eh bien ! pour améliorer les choses, on pouvait tenter la politique du pire en cherchant à communiquer la même maladie à la théorie jusque là indemne de la matière.*

Le succès de la thèse du savant français fut immédiat et Albert Einstein lui-même attira l'attention du monde scientifique sur son importance. Il revint ensuite au savant

---

[6]Aux yeux de Bohr, ce qui caractérise la théorie quantique, c'est le *postulat quantique* qui impose à tout processus atomique un caractère de discontinuité. Selon ce postulat, caractérisé par le quantum d'action de Planck, l'énergie de rayonnement n'est pas émise de façon continue mais discrète.

[7]L. de Broglie cité par : R. Dugas, *Histoire de la mécanique*, p. 552, Dunod et Éditions du Griffon, Paris et Neuchâtel, 1950.

d'origine autrichienne Erwin Schrödinger de démontrer en 1926 que les deux mécaniques, quantique et ondulatoire, pouvaient se fondre en une seule doctrine mathématique. Apparaissait ainsi une nouvelle fois la fécondité de la coopération entre théories physiques et modèles mathématiques. Coopération qui, comme le souligne l'historien des sciences René Dugas, permet de forger des concepts nouveaux et de bien les utiliser : *Il semble d'ailleurs, à cet égard, que si la théorie physique part de l'expérience pour y revenir, il ne lui soit pas interdit de manipuler, dans l'intervalle, des outils mathématiques qui ne soient pas eux-même observables.*

Dans cette perspective, comment ne pas citer l'exclamation attribuée à Pythagore : *Les nombres – entendons les mathématiques – sont l'essence des choses*? Exclamation que ne renieraient pas les physiciens de la modernité. C'est ainsi que dans le développement des mécaniques au vingtième siècle est apparue l'extrême fécondité du travail en équipe des physiciens et des mathématiciens. On peut rappeler à ce sujet qu'Albert Einstein a dû attendre d'avoir à sa disposition le calcul différentiel absolu et la géométrie des espaces de Riemann pour pouvoir édifier sa relativité généralisée.

Revenons à la dualité onde/particule. La physique quantique nous apprend, via cette dualité, que, si nous voulons progresser dans la connaissance du réel, nous devons dépasser le contexte des représentations familières. Donc, selon une idée ayant cours en philosophie des sciences, l'onde est un état d'un certain *quelque chose* et la particule est un autre état de ce même *quelque chose.* Ce qui fait que non seulement les particules élémentaires ne seraient plus les briques de base de l'Univers, mais la seule *brique de base* serait ce *quelque chose* dont il vient d'être question. Ce que l'on veut dire par là, c'est que si, jusque là, la science favorisait une vision de la matière fondamentalement constituée d'une multitude d'objets élémentaires, localisés dans l'espace et interagissant entre eux dans le temps, dans la vision quantique cette multitude est remplacée par un *quelque chose* qui est unique. Un *quelque chose* qui conditionne cette propriété de l'Univers inhérente au formalisme quantique et nommée *non-séparabilité*, ou encore *globalité.* Propriété qui a été citée par Bernard d'Espagnat comme étant une (nouvelle) énigme liée à la physique quantique. Énigme qualifiée par Bernard d'Espagnat d'*essentielle* parce que touchant à une donnée fondamentale de l'espace-temps einsteinien : celle de la vitesse de la lumière qui est une vitesse limite ne pouvant, en aucun cas, être dépassée.

La non-séparabilité est née de la mise en évidence, dans le cadre de la mécanique quantique, de l'idée qui veut que deux photons qui ont interagi dans le passé continuent à former un tout inséparable, même lorsqu'ils sont infiniment éloignés. Non-séparabilité qu'il est pratiquement impossible de ne pas interpréter comme révélant l'existence d'influences se propageant à une vitesse supraluminale, c'est-à-dire à une vitesse supérieure à celle de la lumière.

La non-séparabilité (terme qui regroupe également la non-localité et la globalité), qui est d'abord une conséquence de la théorie quantique mais est également incompatible avec l'interprétation classique de la théorie de la relativité, a reçu ensuite des preuves, indépendantes de la théorie quantique. D'abord une preuve théorique, ensuite une preuve expérimentale. C'est tout d'abord au physicien John Bell du CERN que revint de démontrer en 1965 la complétude de la mécanique quantique (c'est-à-dire que tout ce qui est observable peut être démontré par la mécanique quantique), et donc aussi la pertinence de la non-séparabilité, ou de la globalité. Il s'agit du célèbre *théorème de Bell.* Ce théorème ouvrait également la voie à une vérification expérimentale qui devait soit confirmer l'existence (jusque là uniquement théorique) de systèmes non séparables prévue par la mécanique quantique, soit infirmer cette théorie. Il revint ensuite au physicien Alain Aspect en 1981-1982 de montrer que l'expérience tranchait en faveur de la *non-séparabilité.* Selon cette expérience deux particules peuvent rester reliées par un lien étrange qui ne dépend pas de l'espace ni du temps. Comme le prévoyait le formalisme quantique, toute action exercée sur l'une se répercute instantanément sur l'autre, et ce quelle que soit la distance qui les sépare. Elles sont donc *non séparables.*

Au vu du théorème de Bell et des résultats d'Alain Aspect, la non-séparabilité est maintenant une donnée émanant directement d'expériences, et donc indépendante de la théorie. Elle n'est donc pas liée au formalisme quantique et ne peut qu'être le reflet d'une globalité non entièrement explicable dans un Univers immergé dans l'espace-temps einsteinien. Univers dont nous devons admettre que les constituants élémentaires (atomes, électrons, protons, quarks, etc.) sont des *modèles* de la réalité, des *formules mathématiques*, et non la réalité elle-même.

Quant à savoir si la globalité concerne la réalité empirique, c'est-à-dire le domaine de la physique proprement dite, ou au contraire renvoie à cette couche plus profonde du réel qu'est la réalité en soi, cette question est délicate. En particulier, l'interprétation de la non-séparabilité comme révélant l'existence d'influences se propageant à une vitesse supraluminale incite à situer ce phénomène en dehors de l'espace-temps einsteinien, soit hors de la réalité empirique. Et donc dans la réalité en soi.[8] Or toute assertion portant sur la réalité en soi est, scientifiquement, vide de sens. Ce qui conduit au dilemme suivant (comparable en quelque sorte à celui, attribué à Épiménide, et qui traite d'un Crétois qui dit que tous les Crétois sont des menteurs) : *Toute représentation de la réalité en soi incluant le principe de localité (principe qui veut que les objets interagissent d'autant moins les uns avec les autres que leurs distances mutuelles sont plus grandes) est soit erronée (si l'on croit que l'expérience nous "dit quelque chose" relativement à la réalité en soi), soit dénuée de sens (si l'on fait l'hypothèse inverse).*[9]

Notons encore que le terme *globalité* fait immanquablement penser à l'*Un* de Plotin. Pour ce philosophe grec du troisième siècle de notre ère, l'Univers est composé de trois

[8]Ces influences ne peuvent en aucun cas être exploitées en terme de transport de matière ou d'énergie, ou de transmission de quelque information que ce soit. Ce qui tendrait à ne pas attribuer à la non-séparabilité le même statut que les autres propriétés physiques de la Nature. Et que donc la question de savoir si la non-séparabilité relève ou non d'une couche plus profonde du réel, à la frange entre réalité empirique et réalité en soi, est pertinente.

[9]B. d'Espagnat, *Traité de physique et de philosophie*, p. 94, Fayard, Paris, 2002.

entités fondamentales : l'*Un*, l'Intelligence et l'Âme. L'Homme, qui fait partie du monde sensible, doit par l'introspection et la réflexion remonter de l'Âme à l'Intelligence, puis de l'Intelligence à l'*Un* et entrer ainsi en communion avec le Dieu souverain. La propriété de *globalité* peut ainsi être vue comme une *trace* laissée sur la réalité empirique par un réel auquel nous n'avons pas accès. Réel que Bernard d'Espagnat nomme *réalité en soi*, ou encore *réalité ultime*. Toutes considérations qui font que, comme le note Ilya Prigogine, *la physique a dépassé la frontière des sciences positives pour accéder aux questions métaphysiques ou religieuses.*[10]

Bernard d'Espagnat relève encore la présence, en physique quantique, d'une seconde *énigme essentielle*, nommée *objectivité faible.*[11] Alors que la physique classique fait état d'un seul type d'objectivité, la physique quantique en distingue deux. Il y a l'*objectivité forte* qui porte sur le réel et l'*objectivité faible* qui porte sur le regard que l'observateur porte sur ce réel.

Ce sont des énoncés dont la forme fait qu'il est impossible de voir en eux des descriptions de *comment les choses sont réellement.* Tels sont certains énoncés de la mécanique quantique. Il en découle que le réel est voilé, et de façon radicale : *Sur le plan philosophique la notion d'objectivité faible n'a rien de neuf. Depuis toujours – mais surtout depuis Kant – les philosophes soulignent la fragilité de toute prétention à décrire, au-delà de la simple représentation humaine, la "réalité telle qu'elle est, jusqu'en ses détails contingents". Ils font observer qu'une telle prétention – qu'on lit encore entre les lignes de la plupart des textes scientifiques – ne peut être étayée par aucune* démonstration *de validité. Ils pourraient donc croire que, pour un physicien, renoncer à prétendre à toute force insérer la physique quantique dans le carcan de l'objectivité forte c'est, pour l'essentiel, tout simplement se rallier à une conception bien connue d'eux depuis longtemps. Toutefois ce jugement ne serait pas pleinement exact, car*

[10] I. Prigogine, *La fin des certitudes*, p. 224, Odile Jacob, Paris, 1996.

[11] B. d'Espagnat, *Le réel voilé. Analyse des concepts quantiques*, p. 329-333, Fayard, Paris, 1994.

il se trouve que les philosophes minimisent eux-mêmes à l'excès la portée de leur propre observation. Ils posent en effet en principe que la représentation humaine dont il s'agit est toujours exprimable dans le langage *réaliste, et que donc "tout se passe comme si" la réalité "en soi" était telle que décrite dans le discours du physicien classique. En la matière, ce que la physique contemporaine nous enseigne de neuf – dans la mesure où son interprétaion en termes d'objectivité seulement faible s'impose à nous par son élégance formelle – c'est qu'il nous faut aller plus loin et renoncer à ce "comme si", ou tout au moins à son universalité.*[12]

Ainsi, aucun concept scientifique ne couvrirait complètement ce réel que la science est censée décrire ! Tout ceci confirme que l'analyse des fondements de la mécanique quantique renouvelle la question de savoir ce qu'est vraiment le réel. Et ouvre ainsi la voie à d'autres formes de pensée.

[12]B. d'Espagnat, *Traité de physique et de philosophie*, p. 117, Fayard, Paris, 2002.

Si la physique, d'une part ne nous fournit pas une description complète de la réalité en soi et, d'autre part, réussit cependant à nous donner sur elle certaines lueurs, pourquoi telles ou telles autres approches – je pense au sacré, à la musique, à la peinture, à la poésie (avec, au premier chef, celle dont le sentiment, tout spontané, est éveillé en nous par la Nature) – ne nous ne donneraient-elles pas de tels aperçus, de telles lueurs, elles aussi ?

Bernard d'Espagnat

4
d'Espagnat : de la physique à la métaphysique

Si Max Planck, Niels Bohr, Erwin Schrödinger et Werner Heisenberg peuvent être considérés (de concert sans doute avec Albert Einstein) comme les véritables inventeurs de la mécanique quantique, le chercheur qui a amené le débat, à propos de cette physique, sur le terrain philosophique et métaphysique est incontestablement Bernard d'Espagnat. Ancien directeur du laboratoire de physique théorique de l'Université d'Orsay, Bernard d'Espagnat a enseigné la philosophie des sciences à la Sorbonne. Il fut également le premier physicien théoricien attaché au CERN à Genève.

Scientifique de formation, il s'est cependant très vite attaché à penser les nouvelles mécaniques physiques, et en particulier la mécanique quantique, en philosophe. En particulier, c'est lui qui a attiré l'attention sur le fait que la notion de *matière* était devenue, aux yeux des physiciens quantiques, aussi nébuleuse que celle d'*esprit* à ceux des neurologues. Autrement dit, les sciences exactes rejoignaient, d'une certaine façon, les spiritualités dans le sens où ce qu'elles peuvent dire de la réalité relève davantage d'une *croyance* que d'une *connaissance*.

Aussi, depuis que la science ne peut plus raisonnablement soutenir que le fond des choses lui est accessible, il est naturel de conjecturer que d'autres façons de penser ouvrent également une fenêtre vers une saisie – au moins partielle – du réel. C'est la raison pour laquelle une question essentielle a parcouru toute l'œuvre philosophico-scientifique de Bernard d'Espagnat : la physique rend-elle obsolète nos autres façons de penser, celles qui relèvent de la philosophie, des arts, des spiritualités ? Ou bien, au contraire, ces autres façons de penser doivent-elles tout autant continuer à être prises en compte ?

Depuis ses débuts, que l'on situe généralement à la frontière entre les dix-neuvième et vingtième siècles, la physique quantique a été une extraordinaire machine à penser. Elle a montré sa puissance d'analyse aussi bien dans le contexte de phénomènes qui concernent notre vie de tous les jours que dans celui des phénomènes liés à la physique de l'infiniment petit. S'il est reconnu par les scientifiques que la physique quantique est actuellement une discipline incontournable, il est aussi admis que cette physique pose de façon cruciale le problème de l'accessibilité au réel en ce sens qu'elle ne le décrirait qu'*en apparence*. Parce que lorsqu'on va jusqu'au bout de sa logique, il apparaît que l'objet même de cette physique concerne l'expérience humaine de la réalité et non la réalité elle-même, ou la réalité en soi. Le réel véritable n'étant connaissable qu'en apparence, Bernard d'Espagnat en conclut qu'il est *voilé*. Ce qu'avaient déjà souligné, en leur temps, le poète François Villon pour qui *rien ne m'est sûr que la chose incertaine*. Mais aussi nombre de philosophes, dont Kant pour qui toute connaissance est acquise grâce à nos sens, et n'est ainsi qu'indirecte, et donc approximative, voire contestable. La phrase du philosophe, mathématicien et physicien Henri Poincaré : *les objets réels que la Nature nous cachera éternellement*, souligne bien cette vue des choses. Bien entendu cette conclusion ne peut être tirée qu'à partir de la mécanique quantique qui règne aujourd'hui en maître sur la physique.[1]

[1]B. d'Espagnat, *Physique quantique et réalité. La réalité c'est quoi ?*, conférence à l'Université Paris-Diderot, 22 mai 2012.

C'est l'expérience, et l'expérience seule, qui avait permis à la mécanique classique d'Isaac Newton de se constituer en doctrine scientifique bien établie. Et de progresser. Or, le propre de l'expérience est de toujours devoir être recommencée. Et donc de remettre la théorie en question. C'est donc également de l'expérience qu'est venu l'ébranlement de la mécanique classique et la constitution de nouvelles théories. Dont les mécaniques physiques modernes que sont la théorie de la relativité et la mécanique quantique.

Si la théorie quantique est bien née au vingtième siècle de certaines expériences qui ont ouvert tout un champ de recherches à l'échelle atomique, son développement ultérieur est venu du travail en équipe entre physiciens et mathématiciens. Il a fallu la constitution de la théorie quantique mais aussi de la théorie de la relativité pour se rendre compte à quel point l'apport des mathématiciens pouvait être utile, voire indispensable, pour formaliser la pensée du physicien. Et c'est ici, dans le cadre de cette coopération, qu'intervient précisément un premier fait qui va conditionner la quête de connaissance du réel par la science : si les équations qui forment le cadre opératoire de la science quantique sont claires et limpides, par contre l'interprétation que l'on peut donner à ces équations en termes de choses de la réalité demeure une énigme. Ce fait est fort bien illustré par la constatation d'Étienne Klein : *Les relations qu'il y a entre la réalité et le savoir* [par le biais des mathématiques] *que nous avons sur elle ont perdu les couleurs de fausse évidence qui étaient les leurs aux siècles passés. Il semble que la physique quantique attende toujours sa péroraison, avec une impatience grandissante.*[2]

Autrement dit, afin de décrire le réel, la théorie mathématique qui forme le cadre opératoire de la science quantique se doit d'être *interprétée* en termes de choses de ce réel. Et c'est cette interprétation qui pose problème. Entre autres parce qu'elle ne débouche pas sur une vision du monde qui soit claire et univoque, c'est-à-dire déterministe. Car même si

[2]B. d'Espagnat, É. Klein, *Regards sur la matière. Des quanta et des choses*, p. 23, Fayard, Paris, 1993.

l'équation de base de la mécanique quantique, l'équation de Schrödinger, est déterministe, l'aspect ondulatoire de cette mécanique qui fait intervenir les concepts d'onde et de probabilité dans le positionnement d'une particule introduit, fût-ce implicitement, le non-déterminisme dans la théorie quantique. Ce qui a donné lieu à la formulation d'Ilya Prigogine : *Les lois ne gouvernent pas le monde, mais celui-ci n'est pas non plus régi par le hasard.*[3] Mais aussi au malaise d'Albert Einstein qui, longtemps, a été, philosophiquement et scientifiquement, attaché au déterminisme. Comme en témoigne sa phrase : *Dieu ne joue pas aux dés.*

L'approche du réel par la physique quantique va, bien entendu, dans le sens opposé de la physique classique, celle de Galilée, Descartes, Newton, Laplace et, jusqu'à un certain point, Einstein. Pour ces savants qui sont des *réalistes objectivistes*, le but ultime de la recherche en physique était de décrire la réalité telle qu'elle est vraiment et, si possible, de lever totalement le voile sur l'inconnu. Selon cette vue, la science devait être basée sur le déterminisme et l'Univers qui en résultait se comportait comme un automate.

Revenons aux développements qui ont conduit Bernard d'Espagnat à l'idée selon laquelle la réalité en soi est voilée. S'il base l'essentiel de son arguementation sur l'approche scientifique, une autre approche, plus familière, le conforte dans cette vision : *Loin d'être ésotérique l'idée d'un réel-en-soi se situant pour une grande part au delà de la portée de nos concepts a, au contraire, quelque chose d'assez naturel. Il semble en effet clair que la puissance de conceptualisation de l'être humain est supérieure à celle du chien et même du singe. Alors, qui nous dit que l'Homme a atteint la limite en ce domaine ? Et s'il n'en est rien, qui nous garantit que le fond des choses, qui n'est pas accessible au chien, le soit à nous ? Nous arrivons ainsi à l'idée que si nous répugnons à nous voir seuls existants nous devons prendre au sérieux la notion d'un fond des choses : suprêmement réel mais, en revanche, situé tellement au delà de la portée*

[3] I. Prigogine, *La fin des certitudes*, p. 224, Odile Jacob, Paris, 1996.

de nos concepts, aussi bien familiers que mathématiques, que les phénomènes, tant ceux que l'on perçoit que ceux que la science décrit, ne nous permettent pas de le décrypter. Sur lui ils fournissent au mieux des lueurs, et encore, très incertaines. C'est pourquoi je le nomme le réel voilé.[4]

Enfin, l'idée selon laquelle le réel est voilé a conduit Bernard d'Espagnat à se rapprocher de divers développements philosophiques. Dont ceux de Henri Bergson qui, selon Bernard d'Espagnat, contribuent à l'idée que ce que l'on est en droit d'attendre des sciences de la Nature c'est une description, non pas de la réalité en soi dans sa totalité et ses détails, mais uniquement des *phénomènes* tels qu'ils apparaissent à la communauté humaine :

Ce que la conception du réel voilé peut emprunter sans réticence à l'approche bergsonienne se limite à la somme d'une idée et d'une hypothèse : l'idée que l'intelligence est essentiellement connaissance consciente de rapports, *et n'est ainsi qu'une face d'une aptitude plus large des vivants, appelée intuition par Bergson ; l'hypothèse que les hommes, autour de l'intelligence, ont conservé comme un halo de l'intuition originelle et, grâce à ce halo, quelque aptitude à approcher – mais indistinctement seulement – quelque chose de plus profond. Le point sur lequel la thèse du réel voilé se sépare du bergsonisme est relatif à la nature du "quelque chose". Pour Bergson, il s'agit de l'"élan vital", qui pousse la vie à se frayer un chemin dans la matière et est ralenti et dispersé par la résistance de celle-ci. Dans la conception du réel voilé il s'agit de l'Être lui-même. Sur le plan conceptuel, la différence est immense. Si l'on choisissait d'exprimer ces deux vues en un langage qui ferait appel au mot "Dieu", on devrait dire que, selon Bergson, l'intuition nous rend perceptible un Dieu assez proche, centré sur la vie et même sur l'humain, alors que selon la thèse du Réel voilé elle nous rend sensibles (par telle médiation ou telle autre) à une lueur issue d'un Dieu plus que cosmique, premier par rapport à toute réalité contingente connue sur le mode du*

[4] B. d'Espagnat, *Physique quantique et réalité. La réalité c'est quoi ?*, conférence à l'Université Paris-Diderot, 22 mai 2012.

discursif. Toutefois, cette différence entre les deux conceptions se trouve être en pratique bien moins importante que leur commun apport à une conception de l'existence et des visées possibles de l'homme. De fait, l'une et l'autre exaltent l'idée d'une quête, *portant sur un domaine plus étendu que la science puisqu'elle s'appuie aussi sur l'affectivité. Or cet esprit de quête de quelque inaccessible est ce qui, de tout temps a donné naissance aux plus belles œuvres d'art (poèmes à Ammon, psaumes, temples grecs, cathédrales, musique de Bach, etc. ; le lecteur complétera la liste selon ses goûts). Et je dis que l'idée d'un Réel conçu selon ce mode donne à l'homme un élan irremplaçable.*[5]

L'idée d'une quête portant sur un domaine plus étendu que la science a ensuite conduit Bernard d'Espagnat à s'intéresser à d'autres modes de pensée, tout aussi valables et respectables, pour défricher le réel. Selon lui, la mystique, l'art, la musique, la poésie, la peinture, la littérature, ouvrent également une fenêtre vers un *quelque chose* que, intuitivement, nous devinons comme essentiel. Et cela d'autant plus que l'émotion, mystique, artistique ou amoureuse, implique le sentiment d'un domaine imprégné de mystère dont on ne peut capter que des lueurs. Pour Bernard d'Espagnat, le concept de réel voilé fournit ainsi une légitimation, *même au regard de la froide raison*, de ce que ces domaines impliquent plus qu'une rêverie mystique, amoureuse ou poétique. Ce qui le conduit à faire un parallèle entre la réalité ultime et le témoignage des mystiques ou de ceux qui ont eu le privilège de traverser des états d'élargissement de conscience, et qui se réfèrent notamment à une réalité autre, sans écoulement du temps, avec une sensation aiguë d'être partie d'un tout, avec une connaissance de ce tout.

Expérience de révélation, en soi inracontable, mais qui, au dire de ceux qui, paradoxalement en parlent, est toujours infiniment plus large que le discours qui l'enfermerait.[6] Expérience de révélation à propos de laquelle d'Espagnat

---

[5]B. d'Espagnat, *Le réel voilé*, p. 458-459, Fayard, Paris, 1994.

[6]A. Atlan, *À tort et à raison. Intercritique de la science et du mythe*, Seuil, Paris, 1986.

n'hésite pas à parler d'*Être*. Mais, aussi, d'*appel de l'Être* : *Après examen adéquat je m'aperçois alors que l'Être, pour l'homme, est mystérieux. Il semble irréductible à nos catégories usuelles de pensée, peut-être, simplement, du fait que la partie ne saurait comprendre le tout. Mais je ne le crois pas* totalement *mystérieux. Quelque chose de ses structures passe dans les lois de la physique. Et, également, il semblerait que peut-être existent des appels de l'Être. Au moins autant qu'appels à l'action ce sont appels à l'adhésion ; ou, pour mieux dire encore, à un mélange indescriptible de ces deux choses. Sont-ils véritables ? Je l'espère.*[7]

Pour d'Espagnat, les acquis de la mécanique quantique ne sont donc nullement incompatibles avec la croyance en un Dieu, ou en un Être, cause suprême du réel, mais distinct de tous ses objets, et qui n'est pas le Créateur d'objets en soi, animés ou inanimés. Un Dieu qui est au delà de *l'Être conçu comme somme des êtres*, et comme se situant au delà même de tout concept humain possible, y compris celui de *personne*. Un Dieu ineffable mais dont il nous faut bien parler de ces traces de lui que sont les *choses*.[8] Ce qui conduit nécessairement à l'évoquer et à lui adresser des prières *conçues, telles les clochers des abbayes, comme des expressions de notre désir de nous rapprocher de lui.*[9]

Tout ceci fait qu'il n'est plus nécessaire de penser que le *réel* est uniquement atteignable par le biais de mathématiques, ou des sciences exactes. Et qu'il n'est plus dérisoire le fait de croire qu'un élan spirituel contribue de façon significative à la connaissance de ce réel. Comme le confesse Bernard d'Espagnat dans un texte que je qualifierais de prophétique : *L'idée de réel voilé s'harmonise au mieux avec ce qui paraît être une obscure mais grande vérité, à savoir que l'homme est avant tout un être d'attente et de recherche. J'entends : un être dont la nature est de* tendre – *avec confiance et*

[7] B. d'Espagnat, *Un atome de sagesse. Propos d'un physicien sur le réel voilé*, p. 169, Seuil Paris, 1982.

[8] En Exode **33**,23, Yahvé n'avait-il pas déjà dit à Moïse que "*sa face on ne peut la voir*", mais uniquement ses "*traces*" ?

[9] B. d'Espagnat, communication privée.

persévérance – vers quelque chose qu'il ne pourra jamais vraiment atteindre *et qui, de ce fait, tel un horizon, participe de la transcendance. Certes, par sa vie, par son œuvre et par ses écrits Einstein nous avait déjà démontré que, même face à une science classique empreinte de réalisme physique, un certain sens du religieux, donc du divin, restait possible. Mais toutefois d'un divin mathématiquement limpide et, par là, tel la beauté du poème de Baudelaire, quasiment incommensurable avec l'humain. Du fait même qu'elle nous oblige à dépasser ce réalisme, la physique actuelle montre qu'il est sensé, on pourrait même dire "rationnel", d'aller légèrement plus loin. Comme on l'a vu, elle interdit, en effet, toute réduction de l'être à des composantes matérielles et rend par là incohérente la thèse d'une conscience conçue comme pur produit de la matière. Devient de ce fait défendable, y compris devant le tribunal de la science, l'idée que l'être est premier par rapport à la scission esprit-matière. En conséquence, l'être en question, tout en n'étant pas atteignable, apparaît comme un "je ne sais quoi" auquel il est concevable que l'esprit de l'homme ne soit pas radicalement étranger ; en d'autres termes comme pouvant être, pour ce dernier, un horizon. Je veux dire que s'y cachent peut-être – qui sait ? – les archétypes de certains de nos sentiments : grande aspiration, amour, etc. Rien ne le prouve. Rien, même, à proprement parler, ne le suggère. Mais du moins n'est-ce pas – n'est-ce plus ! – exclu. Alors que les penseurs qui fondent – explicitement ou non – leur réflexion sur les concepts de la physique classique sont assez naturellement amenés par ceux-ci à dénoncer notre étrangeté au monde (ou, ce qui revient quelque peu au même, l'intrinsèque absurdité de celui-ci) une analyse axée sur les données de la physique contemporaine conduit, on le voit, à une vision très sensiblement différente... et plus optimiste.*[10]

Notons enfin que la vision selon laquelle le réel est voilé n'est pas incompatible avec certaines approches théologiques modernes. Dont celle de mon collègue, le théologien Adolphe

[10] B. d'Espagnat, *Traité de physique et de philosophie*, p. 528-529, Fayard, Paris, 2002.

Gesché, qui l'évoquait dans un de ses derniers ouvrages : *Dieu a créé un devenir créateur, où, par le jeu et la médiation de causalités* internes, *des choses vont advenir. Il a créé un processus, des virtualités, non des choses ou des objets, même si ceux-ci répondent à un vœu qui ne vient que de lui ("Qu'il y ait de la lumière"). Il a créé le monde, oui, mais ce monde est un champ ouvert. Ainsi se trouvent réconciliées notre foi chrétienne en Dieu créateur et notre observation de la réalité du monde telle que la science la découvre. Dieu a fait ce qui fait qu'il y ait cette création, ce cosmos que nous observons dynamique et inventif. Dieu est alors vraiment Créateur, vrai créateur, c'est-à-dire créateur de création (sens actif), le créateur, non tant de choses créées, que bien plutôt de la création.*[11]

Ainsi, dans le domaine des croyances, et toujours selon Adolphe Gesché, *la foi serait moins la révélation d'un invisible caché derrière le visible* [d'une réalité en soi cachée derrière la réalité empirique ; ou encore du Dieu de Son propre côté caché derrière le Dieu (les dieux) de notre côté] *(et qui s'en trouverait en quelque sorte absent), que celle d'un invisible caché dans le visible (et qui s'y trouve donc présent).* Il en va de même pour le domaine de l'art à propos duquel Paul Klee disait : *l'art ne reproduit pas le visible* [le réel], *il rend visible.* Toutes ouvertures sur un réel qui, s'il est bien voilé, et si son existence peut parfois prêter au doute, mérite toute notre attention.

[11] A. Gesché, *Dieu pour penser. IV, Le cosmos*, p. 75, Cerf, Paris, 1994.

Le non mathématicien est saisi d'un frisson mystique quand il entend parler de "quatre dimensions", un sentiment qui ressemble à celui que produit en nous le fantôme du théâtre. Et pourtant, rien n'est plus banal que l'affirmation que le monde dans lequel nous vivons est un continuum d'espace-temps à quatre dimensions.

Albert Einstein

Sempiterna Temptatio, fit Zénon. Je me dis souvent que rien au monde sauf un ordre éternel ou une bizarre velléité de la matière à faire mieux qu'elle-même, n'explique pourquoi je m'efforce chaque jour de penser un peu plus clairement que la veille.

Marguerite Yourcenar

5
Einstein et la relativité

Trois théories ont illuminé le paysage scientifique du vingtième siècle : la mécanique quantique, la théorie de la relativité, et la théorie du *big bang*.

Si la mécanique quantique régit en priorité le monde microscopique, c'est-à-dire celui des atomes, des électrons, des particules élémentaires, la théorie de la relativité, due presque entièrement à Albert Einstein, régit principalement le monde macroscopique : celui des systèmes planétaires, des galaxies, des nébuleuses. En imaginant un Univers compatible avec ses équations cosmologiques de la gravitation, Albert Einstein jette les bases de la future cosmologie moderne. Et, ultimement, mais à son corps défendant, de la théorie du *big bang* due au savant belge Georges Lemaître et au mathématicien russe Alexander Friedmann.

Albert Einstein est un personnage complexe. Outre son œuvre scientifique qui est immense, il a encore consacré de nombreux articles à la question du déterminisme, aux rapports entre science et religion, aux valeurs morales du judaïsme ; certains de ses écrits seront évoqués.

Du point de vue de la science, Albert Einstein a successivement énoncé deux théories de la relativité, connues sous les noms de *relativité restreinte* et de *relativité générale*.

Relativité restreinte

C'est au cours de l'année 1905, alors qu'il était employé au Bureau de la propriété intellectuelle de Berne où il travaillait à la rédaction de brevets techniques, qu'Einstein publia cinq articles qui allaient révolutionner le monde scientifique. Parmi ces articles, une première version de la relativité restreinte. Cette théorie allait à jamais modifier les notions d'espace et de temps tels qu'ils avaient été conçus par Isaac Newton. L'espace et le temps absolus de la mécanique classique qui apparaissaient jusque là comme la base solide et définitive de toute la physique, voire de toutes les sciences de la Nature, y sont remplacés par un *espace-temps* absolu où l'espace et le temps, désormais relatifs, sont indissociablement liés dans un espace euclidien à quatre dimensions.

La genèse de la théorie de la relativité restreinte est intimement liée à l'étude des propriétés de la lumière ; en particulier, de sa nature et de sa vitesse. Plus précisément, cette théorie est née de certaines difficultés théoriques liées à l'optique des corps en mouvement, et au résultat d'expériences qui ont montré que la vitesse de propagation de la lumière dans le vide était à la fois constante et finie, et ce quelle que soit la vitesse propre de la source lumineuse qui émettait cette lumière.

Avant de traiter du sujet proprement dit de la vitesse de la lumière, il importe de se pencher sur la notion de *vitesse*. Lorsqu'on parle de vitesse de quelque chose, il s'agit nécessairement de vitesse *par rapport* à autre chose. D'où la question : par rapport à quoi la vitesse de la lumière dans le vide est-elle mesurée puisqu'il est établi que l'éther stationnaire dans lequel étaient censés se mouvoir les corps célestes est superflu ? Vint alors la réponse d'Einstein : *la vitesse de la lumière est de 300.000 kilomètres à la seconde par rapport à tout et rien.* De façon plus formelle, la vitesse de la lumière est supposée être mesurée par rapport à un *système inertiel*, soit un système au repos ou en déplacement à vitesse constante. D'où la question suivante : au repos ou en déplacement à vitesse constante par rapport à quoi ? La réponse est : par rapport à un système lui-même immobile.

On peut tout d'abord considérer qu'un système lié au centre du Soleil supposé immobile, constitue une première approximation de système inertiel. Mais le Soleil dont la vitesse est de l'ordre de 220 kilomètres par seconde par rapport aux étoiles, considérées comme fixes, n'est pas vraiment un système inertiel. De même le centre de notre galaxie (la *Voie lactée*) ne constitue pas non plus un système inertiel puisqu'elle est soumise à l'attraction d'une vingtaine d'autres galaxies qui constituent un amas local. Aussi son mouvement ne peut être ni rectiligne ni uniforme. Il est donc évident qu'il ne peut exister dans l'Univers de véritable système inertiel. Ce concept est condamné à rester théorique, et partant *idéal*. En pratique on admettra cependant qu'un système est inertiel s'il est au repos ou en mouvement uniforme par rapport aux étoiles considérées comme fixes.[1]

Venons-en maintenant au sujet proprement dit de la mesure de la vitesse de la lumière. Au temps d'Isaac Newton, il n'était pas du tout évident que la vitesse de la lumière fût finie. Ainsi, René Descartes avait la *certitude plus que morale* que la lumière se propageait instantanément. La première tentative sérieuse pour mesurer la vitesse de la lumière date de 1675 et est due à l'astronome danois Olaüs Römer. Observant la période d'occultation (environ 42 heures) du satellite de Jupiter *Io*, il constate qu'en six mois de temps cette période ralentit d'environ 1.300 secondes : *Io*, qui aurait dû apparaître à intervalles réguliers était de plus en plus en retard par rapport aux prédictions. Ce ralentissement ne peut s'expliquer que par l'augmentation de la distance Terre-Jupiter. Le retard observé correspond alors au temps supplémentaire mis par la lumière pour parcourir la différence entre la nouvelle distance et l'ancienne. Fort de cette donnée, Römer calcula pour la lumière une vitesse d'environ 200.000 kilomètres par seconde. Ce qui constitue une bonne approximation de l'actuelle mesure.[2]

---

[1] R. Hakim, *Gravitation relativiste*, p. 12-13 et 33-40, CNRS Éditions, Paris, 2001.

[2] Voir par exemple : R. Hakim, *Gravitation relativiste*, p. 12-13 et 33-40, CNRS Éditions, Paris, 2001 ; L. Bouckaert, *Éléments de physique mathématique et théorique*, p. 169-188, Dunod, Paris, 1961.

L'expérience décisive qui permit d'évaluer la vitesse de la lumière dans le vide interstellaire fut faite par Michelson en 1881 et répétée, en collaboration avec Morley, en 1887. Pour conduire cette expérience les savants conçurent un interféromètre qui permettait de mesurer avec une grande précision la vitesse de la lumière provenant d'un corps céleste. Pour comprendre l'expérience, on peut avoir recours à l'analogie des vagues à la surface de l'océan. Si un navire navigue contre le vent, les vagues déferlent vers lui à une vitesse qui est la somme de la vitesse de la vague et de celle du navire. Par contre si le navire fuit le vent, les vagues se dirigeront vers lui à une vitesse qui est la différence de la vitesse du navire et de celle de la vague.[3] Dans l'expérience de Michelson et Morley le navire est remplacé par la Terre et les vagues par les ondes lumineuses provenant d'un objet céleste. Si la Terre se déplace *vers* la source lumineuse, la vitesse mesurée de la lumière devrait être de 300.000 kilomètres par seconde augmentée des 29 kilomètres par seconde qui constituent la vitesse avec laquelle la Terre effectue son périple autour du Soleil. Six mois après la première mesure, et après avoir parcouru la moitié de son orbite, la Terre *fuit* la même source lumineuse et la vitesse mesurée de la lumière devrait être de 300.000 kilomètres par seconde diminuée de 29 kilomètres par seconde. L'expérience de Michelson et Morley pour déceler ces variations de la vitesse de la lumière dans l'éther fut totalement négative : dans le vide la lumière se propage à la même vitesse dans toutes les directions, et ce quel que soit l'état de mouvement de la source lumineuse.

[3] Il s'agit de la conséquence du *théorème de l'addition des vitesses.* Ce théorème est encore classiquement illustré par la vitesse d'un passager qui se déplace dans un train. Si le passager se déplace avec la vitesse v dans le sens de la marche du train qui lui-même se déplace à la vitesse w, la vitesse réelle du passager sera de $W = w + v$. Par contre si le passager se déplace dans le sens inverse de la marche du train sa vitesse réelle sera de $W = w - v$. Cette forme du théorème de l'addition des vitesses dans la mécanique newtonienne ne peut pas être maintenu dans la mécanique relativiste d'Einstein. Le théorème $W = w + v$ doit être remplacé par : $W = \frac{w+v}{1+\frac{wv}{c^2}}$ qui montre que si l'une des deux vitesses w ou v est égale à la vitesse c de la lumière et l'autre négligeable par rapport à cette vitesse, W est aussi égale à c.

La vitesse de la lumière est donc une constante de la Nature, et cette constance jointe à l'incapacité d'établir par l'optique si un système de référence est au repos absolu ou en mouvement, ont conduit Einstein à formuler le *principe de relativité restreinte*:

1. La lumière se propage dans le vide avec une vitesse c indépendante de l'état de mouvement de la source lumineuse.
2. Les lois qui régissent les phénomènes physiques sont les mêmes dans deux systèmes inertiels de référence animés l'un par rapport à l'autre d'une translation rectiligne et uniforme (*principe de relativité restreinte*). Aucune expérience physique ne permet de distinguer lequel de ces systèmes est au repos ou en translation uniforme.

C'est la constance de la vitesse de la lumière qui a remis en question les concepts de temps absolu et d'espace absolu tels qu'il avaient été conçus par Isaac Newton. Car seule la vitesse de la lumière est un absolu. Or celle-ci ne peut être constante, c'est-à-dire indépendante du mouvement d'un observateur, que si les distances et les intervalles de temps mesurés par des observateurs mus par des mouvements différents deviennent *relatifs*. En effet, qu'est une vitesse sinon le rapport entre une distance parcourue et le temps mis pour la parcourir ? Si x représente une distance parcourue en un temps t par un mobile, la vitesse v du mobile sera telle que $x = vt$. Si le mobile est un rayon lumineux se déplaçant à la vitesse (constante) c, la relation est $x = ct$. La vitesse c étant constante, et ce quelle que soit la vitesse de l'observateur, il s'ensuit que ce sont la distance parcourue x et la durée du parcours t qui deviennent relatives.

De la constance de la vitesse de la lumière découle encore le fait que le temps est relatif et dépend du regard de l'observateur. Cela signifie que chaque corps de référence a son temps propre ; une indication de temps n'a de sens que si l'on indique le corps auquel elle se rapporte. Le temps unique et universel de Newton est ainsi remplacé par une multitude de temps individuels, tous différents les uns des autres.[4] Ce fait a classiquement été illustré par le paradoxe du voyageur interstellaire. Supposé lancé dans l'espace à une vitesse inférieure d'un vingt-millième à la vitesse de la lumière, il revient sur la Terre après avoir pris seulement une année d'âge à l'aller et une autre au retour, alors que les habitants de la Terre ont vieilli de cent ans. Certains auteurs, comme Arthur Eddington, ont bien perçu l'erreur qui est à la base de ce paradoxe et pensent l'éluder en disant :

---

[4]Une démonstration rigoureuse de la relativité du temps et de l'espace s'appuie sur la transformation de Lorentz qui induit également un nouveau théorème de l'addition des vitesses. La transformation de Lorentz dépassant le cadre de cet ouvrage qui se veut non discursif, le lecteur intéressé pourra en trouver un énoncé et une démonstration élémentaire dans : A. Einstein, *La théorie de la relativité restreinte et généralisée. Exposé élémentaire*, Gauthier-Villars, Paris, 1964. Sans entrer dans les détails, il vaut sans doute la peine d'indiquer, pour le lecteur un tant soit peu mathématicien, comment la langue des mathématiques peut rendre compte du fait de l'invariance de la vitesse de la lumière. Et en tirer les conséquences. Pour un point qui se déplace à la vitesse v, la distance entre la position initiale x_0 et la nouvelle position x_1 est égale à la vitesse de déplacement v multipliée par le temps de déplacement t. Cette loi du mouvement est valable dans la mécanique newtonienne qui admet que les longueurs spatiales (et donc l'espace) ont un caractère absolu. Ce qui s'écrit encore : $x_1 = x_0 - vt$. De même si le temps est un absolu, ce temps reste égal à lui-même aux deux points x_0 et x_1, ce que l'on écrira encore : $t_1 = t_0$. Lorsque ces deux équations sont interprétées en termes de transformation entre deux systèmes de coordonnées animées d'une vitesse de translation v de l'un par rapport à l'autre selon l'axe des x, elles portent le nom de *transformation de Galilée*. Transformation qui ne peut en aucun cas rendre compte de l'invariance de la vitesse de la lumière. Si maintenant, comme cela est requis dans le cadre d'une mécanique relativiste, nous souhaitons pouvoir rendre compte de cette invariance, nous devons remplacer les équations de la transformation de Galilée : $x_1 = x_0 - vt$ et $t_1 = t_0$, par celles de la *transformation de Lorentz* qui s'écrivent : $x_1 = \frac{x_0 - vt}{\sqrt{1-\frac{v^2}{c^2}}}$ et $t_1 = \frac{t - \frac{v}{c^2}x_0}{\sqrt{1-\frac{v^2}{c^2}}}$. Lorsqu'on envoie un rayon de lumière selon l'axe positif des x et qu'il se propage conformément à l'équation $x_0 = ct_0$, soit avec la vitesse c, conformément aux équations de Lorentz cette relation entre x_0 et t_0 entraîne une relation entre x_1 et t_1. En effet en substituant dans les deux équations de la transformation de Lorentz à x_0 la valeur ct, on obtient : $x_1 = \frac{(c-v)t}{\sqrt{1-\frac{v^2}{c^2}}}$ et $t_1 = \frac{(1-\frac{v}{c})t}{\sqrt{1-\frac{v^2}{c^2}}}$. D'où l'on déduit immédiatement que, tout comme nous avions : $x_0 = ct_0$, nous avons également : $x_1 = ct_1$. On voit donc que la vitesse de propagation de la lumière reste identique pour les deux systèmes de référence. Le lecteur intéressé par un exposé de la relativité restreinte et des transformations de Lorentz peut consulter avec profit les ouvrages suivants : L. Bouckaert, *Éléments de physique mathématique et théorique*, Librairie universitaire et Dunod, Leuven et Paris, 1961 ; R. Hakim, *Gravitation relativiste*, p. 12-13 et 33-40, CNRS Éditions, Paris, 2001 ; Dugas, *Histoire de la mécanique*, p. 487, Dunod etÉditions du Griffon, Paris et Neuchâtel, 1950..

Si le voyageur trouve le moyen de revenir sur la Terre... En effet, si le voyageur à l'aller et au retour est bien lié à un référentiel galiléen, c'est-à-dire à un référentiel où le corps est en mouvement de translation rectiligne uniforme, que dire du lancer, de la boucle et de l'atterrissage qui ne sont pas justiciables du principe de la relativité restreinte. Ce paradoxe est donc un *pseudo-paradoxe* car sortant du cadre de la théorie.[5]

La théorie de la relativité permet également de répondre à la question surprenante de la vitesse de l'écoulement d'un temps. Il est en effet évident pour n'importe quel observateur que le temps s'écoule, plus précisément qu'il avance. Mais à quelle vitesse avance-t-il ? La théorie de la relativité démontre que, pour n'importe quel objet, la vitesse combinée de son mouvement dans l'espace et de son mouvement dans le temps est toujours égale à la vitesse de la lumière. Ou, plus exactement, que la somme des carrés des vitesses spatiale et temporelle est égale au carré de la vitesse de la lumière. Donc, plus un objet se déplace rapidement dans l'espace, plus son temps propre ralentit, jusqu'à devenir immobile lorsque la vitesse de la lumière est atteinte. Cela signifie que, pour un photon (un *grain* de lumière) qui se déplace à la vitesse de la lumière, le temps ne s'écoule pas. Autrement dit, pour la lumière, le temps est immobile, il n'existe pas : *Elle seule a trouvé le secret de la fontaine de jouvence ; elle seule ne vieillit pas.*[6] Par contre, pour un observateur immobile (et hors de l'influence de toute masse), le temps s'écoule à la vitesse de la lumière. Si la théorie de la relativité postule que la vitesse de la lumière est une vitesse limite qui ne peut jamais être dépassée, et donc qu'aucun corps *dans l'espace* ne peut voyager plus vite que la lumière, il n'y a au contraire rien dans cette théorie qui empêche deux points *de l'espace* de se séparer à une vitesse plus grande que la lumière. Il semble en effet ne pas y avoir de limite

[5]R. Dugas, *Histoire de la mécanique*, p. 481, Dunod et Éditions du Griffon, Paris et Neuchâtel, 1950).

[6]Trinh Xuan Thuan, *Les voies de la lumière. Physique et métaphysique du clair-obscur*, p. 137, Fayard, Paris, 2007.

connue pour la vitesse d'expansion de l'espace lui-même. Ainsi, pendant la phase inflatoire (découverte en 1998), située au tout début de la naissance de l'Univers, l'expansion de l'espace, et donc la création de l'espace, s'est effectuée à une vitesse dépassant de loin celle de la lumière.

Si l'on se fie à la relativité, l'espace absolu n'existe donc pas, le temps absolu non plus, par contre l'espace-temps absolu existe. Réalité nouvelle parfaitement mise en évidence par le mathématicien balte Hermann Minkowski (1864-1909) qui appelle *univers* le continuum espace-temps à quatre dimensions x, y, z, t. Voyons ce que sous-entend cette définition et en quoi elle ébranla les conceptions classiques de l'espace et du temps. En géométrie euclidienne, l'espace est un continuum à trois dimensions x, y, z. Cela signifie qu'il est possible de déterminer la position d'un point de l'espace au moyen de trois nombres, ou coordonnées, x, y, z. Conventionnellement, x et y sont les coordonnées d'un point situé dans un plan horizontal (par exemple un point d'une carte de géographie) tandis que z est la coordonnée associée à une hauteur située dans un plan vertical.

Le terme *continuum* signifie que pour chaque point de coordonnées x, y, z, il existe un nombre quelconque de points voisins dont les coordonnées x_1, y_1, z_1 peuvent être aussi proches que l'on veut des coordonnées x, y, z du premier point. C'est à cette propriété de proximité que se réfère précisément le terme *continuum*. De façon analogue, l'*univers* de Minkowski est composé d'événements dont chacun est déterminé par quatre nombres, à savoir les trois coordonnées spatiales x, y, z et une coordonnée temporelle t qui indique le moment auquel un événement se produit. L'*univers* est également un *continuum* car il existe, pour chaque événement, une série d'événements aussi voisins que l'on veut, c'est-à-dire dont les coordonnées x_1, y_1, z_1, t_1 sont aussi proches que l'on veut des coordonnées x, y, z, t.

Un *point d'univers* est donc un événement se produisant à l'instant t au point dont les trois coordonnées spatiales x, y, z correspondent exactement aux trois coordonnées d'espace de la géométrie d'Euclide. C'est pourquoi, dans la théorie de la relativité restreinte, on peut voir l'univers de Minkowski comme étant un espace euclidien à quatre dimensions. De plus, pour chaque point matériel, les coordonnées x, y, z étant fonction du temps, l'espace est désormais inséparable du temps comme l'annoncera Minkowski au cours d'une conférence faite à Cologne le 21 septembre 1908 : *Les considérations que je vais développer sur l'espace et le temps ont leur racine dans la physique expérimentale ; là est leur force. Leur tendance est radicale : l'espace en soi et le temps en soi doivent, dès maintenant, rentrer entièrement dans l'ombre, et seule une sorte d'association entre ces deux concepts conserve une individualité propre.*[7]

En bref, Minkowski, entraîné par un enthousiasme bien compréhensible devant la remarquable synthèse géométrique qu'il avait découverte, estime que le lien de l'espace et du temps est indissoluble. Mais de même que dans la vie de tous les jours, les effets de la relativité ne se font pas sentir et que la mécanique de Newton est toujours d'application, ainsi la doctrine relativiste n'interdit nullement à chaque observateur de raisonner et de calculer, comme dans la vie quotidienne, en termes d'espace et de temps. L'apport essentiel de Minkowski consiste donc en une remarquable synthèse géométrique des travaux de son élève Einstein sur la relativité restreinte. Synthèse qui, il faut le souligner, constitue un apport indispensable dans la description du mouvement d'objets dont la vitesse n'est pas négligeable par rapport à celle de la lumière dans le vide. Le monde des particules élémentaires contient nombre de ces objets. Enfin, en 1916, et donc après avoir pris connaissance des recherches de Minkowski, Einstein prit la peine de rappeler qu'en relativité restreinte – tout comme d'ailleurs en mécanique classique – les coordonnées d'espace et de temps continuent à posséder une signification physique immédiate. En faisant table rase de tout ce qui n'est pas à proprement parler *géométrique*, Einstein ouvre la voie à sa théorie de la relativité générale où c'est la matière qui dicte sa géométrie à l'espace-temps et c'est la géométrie qui dicte son mouvement à la matière !

---

[7]Cité par R. Dugas, *Histoire de la mécanique*, p. 487, Dunod et Éditions du Griffon, Paris et Neuchâtel, 1950.

Relativité générale

Albert Einstein a énoncé la théorie de la relativité générale en 1919. Si la relativité restreinte lie de façon indissoluble le temps et l'espace, la relativité générale enseigne que la matière (et donc la gravité) conditionne la géométrie de l'espace. Il s'ensuit que c'est la matière qui décide de la trajectoire de la lumière. En particulier, la lumière ne se déplace plus en ligne droite dans l'espace intergalactique, mais elle suit les contours courbes de l'architecture que l'espace-temps crée dans le voisinage des corps célestes. Ainsi, tout objet céleste courbe l'espace autour de lui et la lumière qui passe près de lui est déviée. C'est la raison pour laquelle on a pu dire qu'Albert Einstein, par sa relativité générale, avait *géométrisé* le problème de la gravitation. Il s'agit d'une expression qui contient une part de vérité, mais la question est trop complexe pour se réduire à une formule aussi simple. Pour le lecteur un tant soit peu mathématicien, on peut ajouter que l'espace-temps de la relativité générale est un espace à quatre dimensions de la géométrie de Riemann.[8]

Par rapport à la relativité restreinte, la relativité générale insère donc la théorie de la gravitation dans une vision nouvelle de l'espace-temps. C'est en réfléchissant à une extension de la théorie de gravitation universelle d'Isaac Newton qu'Einstein construisit peu à peu une théorie relativiste de la gravitation qu'il baptisa *relativité générale* et qui est donc une nouvelle théorie de la gravitation. Cette théorie comporte deux parties : une partie qui détermine la géométrie de l'espace-temps en fonction de la répartition de la matière dans l'Univers et une partie qui, en fonction de cette géométrie, détermine non seulement le mouvement des corps célestes, mais également le trajet de la lumière. C'est ainsi que l'attraction qu'un corps (par exemple le Soleil) exerce sur un autre corps (par exemple une planète) s'explique par une modification de la géométrie de l'espace qui l'entoure. Ou bien, comme l'a dit John Wheeler : *L'espace agit sur la matière et lui indique*

[8]Du moins lorsque la relativité générale est utilisée pour décrire les effets locaux de la gravitation, tels ceux aux environs des trous noirs.

comment elle doit se déplacer. Réciproquement, la matière agit sur l'espace et lui indique comment il doit se courber.

Par rapport à la relativité restreinte qui, selon Minkowski, est un continuum espace-temps en absence de gravitation, la relativité générale est un continuum espace-temps en présence de gravitation. C'est la raison pour laquelle Silvio Bergia propose d'adapter la formulation de John Wheeler de la façon suivante : *L'espace-temps agit sur la matière et lui indique comment elle doit se déplacer* (ce sont les équations du mouvement). *Réciproquement, la matière agit sur l'espace-temps et lui indique comment il doit se courber* (ce sont les équations du champ). [9] Dans la généralisation de la théorie de la relativité, il est normal que la loi qui régit la trajectoire de la lumière dans le vide subisse une modification. Pour cette trajectoire, Einstein propose le nouveau principe suivant : *Dans les champs de gravitation, les rayons lumineux se propagent généralement en décrivant des trajectoires curvilignes.* Ou selon l'équation relativiste : *courbure = matière.* De ceci on tire la conclusion qu'un rayon lumineux qui passe près d'une masse considérable (par exemple le Soleil) subit une déviation. Selon ce nouveau principe, c'est la matière qui décide désormais de la trajectoire de la lumière. En particulier, la lumière ne se déplace plus en ligne droite dans l'espace intergalactique mais elle suit les contours courbes de l'architecture que l'espace-temps crée dans le voisinage des corps célestes. Avec une conséquence directe sur une des propriétés de la lumière. Selon Albert Einstein, dans la relativité générale le principe de la constance de la vitesse de la lumière dans le vide subit une modification : *Conformément à la Théorie de la relativité générale, la loi déjà souvent mentionnée de la constance de la vitesse de la lumière dans le vide, qui est une des deux suppositions fondamentales de la Théorie de la relativité restreinte, ne peut pas prétendre à une validité illimitée. En effet, une courbure des rayons lumineux ne peut se produire que si la vitesse de propagation de la lumière varie avec le lieu. On pourrait penser*

[9] H. Fritzsch, $E = mc^2$. *Une formule change le monde*, Odile Jacob, Paris, 1998.

que cette conséquence renverse la Théorie de la relativité restreinte et avec elle la Théorie de la relativité en général. Mais en réalité il n'en est pas ainsi. On peut seulement en conclure que la Théorie de la relativité restreinte ne peut pas prétendre à un domaine de validité illimité; ses résultats ne sont valables que dans la mesure où l'on peut négliger les influences que les champs de gravitation exercent sur les phénomènes (par exemple de la lumière).[10]

Dans un mémoire fondamental datant de 1916, Einstein remplace donc le principe de relativité restreinte :

> *Les lois qui régissent les phénomènes physiques sont les mêmes dans deux systèmes de référence animés l'un par rapport à l'autre d'une translation rectiligne et uniforme,*

par le suivant qu'il appelle *principe de relativité générale*:

> *Les lois qui régissent les phénomènes physiques sont les mêmes dans deux systèmes de référence arbitraires.*

Comme il n'est plus requis que les deux systèmes doivent être animés l'un par rapport à l'autre d'une translation rectiligne et uniforme, cela signifie que les mouvements relatifs des deux systèmes peuvent également être des mouvements circulaires ou des accélérations. Puisque la gravitation implique des mouvements accélérés, par rapport à la relativité restreinte, la relativité générale insère la théorie de la gravitation dans une vision nouvelle de l'espace-temps. Elle corrige et complète la doctrine de la gravitation de Newton.

Parmi les expériences qui ont été faites pour vérifier la validité de la relativité générale, il faut relever celle qui mesure la déviation de la lumière dans un champ de gravitation. Cette déviation peut être mise en évidence en observant les étoiles fixes situées à un certain moment optiquement près du Soleil. Leurs positions observées lorsqu'elles se trouvent près du Soleil doivent différer de celles qu'elles occupent dans le ciel lorsque le Soleil se trouve à un autre endroit du ciel. L'examen de l'exactitude ou de la non-exactitude de ce qui

---

[10] A. Einstein, *La théorie de la relativité restreinte et générale. Exposé élémentaire*; et *La relativité et le problème de l'espace*, p. 84, Gauthier-Villars, Paris, 1964.

est prévu par la relativité générale ne peut se faire que lors d'une éclipse solaire, seul moment où les étoiles situées optiquement près du Soleil deviennent visibles.

L'expérience est alors conduite de la façon suivante. Au cours d'une éclipse solaire, on prend une photographie des étoiles proches du Soleil. Quelques mois plus tard on prend une seconde photographie de ces mêmes étoiles lorsque le Soleil occupe une position différente. Par rapport à la première photographie, les étoiles doivent occuper une position légèrement différente. L'examen a été tenté pour la première fois le 29 mai 1919 à l'occasion d'une éclipse totale de Soleil et en profitant du passage du Soleil dans la constellation du Taureau, devant une partie de l'amas des Hyades. Suggérée par l'astronome hollandais Willem de Sitter, l'expérience fut menée par les astronomes anglais Arthur Eddington et Franck Dyson. Une première mission opérait dans le village de Sobral au Brésil tandis qu'une seconde était basée à l'île du Prince, située dans le golfe de Guinée, au large de la côte atlantique de l'Afrique. À l'île du Prince, les plaques photographiques confirmèrent, sous les yeux d'Eddington, la correction de la théorie d'Einstein. Les résultats des observations sont conformes aux prévisions de la relativité générale, et ce d'une façon tout à fait satisfaisante : la position observée des étoiles correspondait bien aux prédictions de la théorie. Ce résultat fut officialisé au cours d'une réunion tenue à Londres à laquelle participait la *Royal Astronomical Society*.[11] Depuis cette expérience historique de nombreux faits sont venus confirmer la validité de la relativité générale. Cette théorie a par exemple permis de rendre compte des anomalies – jusque là inexplicables – dans le mouvement du périhélie de Mercure. Enfin, parmi les expériences qui appuyèrent la validité de la relativité générale, il faut encore mentionner la mise en évidence du *déplacement vers le rouge* des raies spectrales dans un champ de gravitation.

[11] R. Dugas, *Histoire de la mécanique*, p. 513, Dunod et Éditions du Griffon, Paris et Neuchâtel, 1950 ; A. Einstein, *La théorie de la relativité restreinte et générale. Exposé élémentaire* et *La relativité et le problème de l'espace*, p. 81-86, Gauthier-Villars, Paris, 1964 ; *Les génies de la science*, Einstein. Le père du temps moderne, mai-août 2002, p. 52.

En se référant, pour expliquer l'outil mathématique de la relativité générale, à la théorie des surfaces de Gauss, Einstein relie les lois de la Nature à la géométrie qui est l'instrument mathématique par excellence, parce que le plus fondamental. Le savant réalise ainsi à la perfection l'alliance de la physique et des mathématiques. C'est peut-être la raison pour laquelle, en plus d'avoir reçu une reconnaissance universelle de la part du grand public, Einstein est également considéré par ses pairs comme étant celui qui a marqué de son empreinte toute la physique moderne. Et aujourd'hui encore, la place qu'il réservait à la *pensée pure* fascine par le rôle qu'il lui attribuait dans la compréhension de la réalité. Il écrira à ce sujet : *Le véritable principe créateur réside dans les mathématiques. Dans un certain sens, je crois que la pensée pure peut appréhender la réalité, comme en rêvaient les anciens.*[12]

À propos de l'importance des mathématiques pour la physique, il faut signaler qu'Albert Einstein a eu la chance de disposer d'un outil particulièrement bien adapté à la formulation de la relativité générale. Il s'agit du *calcul différentiel absolu* dont la conception est due, comme déjà mentionné, aux mathématiciens italiens Ricci et Levi-Civita.

Pour Albert Einstein, le monde est gouverné par des lois observables dans les phénomènes naturels, et ces lois sont formulables par les mathématiques inventées par l'esprit humain. Il dira un jour que le caractère le plus étonnant de l'Univers est qu'il soit compréhensible, c'est-à-dire qu'il puisse être appréhendé par l'intelligence humaine. Il faut encore noter qu'Einstein était un physicien et que, comme tout physicien, ses connaissances en mathématiques étaient limitées à celles que l'on acquiert dans les écoles d'ingénieur. C'est la raison pour laquelle il a dû faire appel, au cours de ses travaux sur la relativité générale, à un mathématicien. Ce fut un de ses camarades d'études, Marcel Grosmann, devenu ensuite son assistant, qui l'aida à acquérir les bases des géométries non-euclidiennes et du calcul différentiel absolu.

---

[12] *Les génies de la science*, Einstein. Le père du temps moderne, mai-août 2002, p. 54.

Relativité, quantique, cordes, branes

Lorsque nous voulons décrire l'infiniment grand, ou l'infiniment lourd, nous devons utiliser la relativité générale. Lorsque nous voulons décrire l'infiniment petit, ou l'infiniment léger, nous devons nous tourner vers la mécanique quantique. Or il y a conflit entre les équations de la relativité générale et celles de la mécanique quantique. Telle est la raison pour laquelle nous n'avons pas connaissance de ce qui a pu se passer au tout début de l'Univers, lorsqu'il était à la fois infiniment lourd et infiniment petit. En effet, sa densité énorme requiert que l'on utilise la relativité générale, mais sa taille minuscule nécessite l'usage de la mécanique quantique. Comme ces deux théories sont incompatibles, leurs équations s'y effondrent. Or, si les théories de la physique s'effondrent dans certaines circonstances cela signifie aussi qu'elles ne nous fournissent pas une compréhension suffisante de l'Univers et qu'une autre théorie doit être envisagée. Théorie qui, entre autres, devrait résoudre le conflit entre relativité générale et mécanique quantique.

Depuis Albert Einstein, les savants se sont donc penchés sur la recherche d'une théorie qui unifierait toutes les théories existantes de la physique. C'est dans ce contexte qu'est née, dans le courant des années 1970, une approche, baptisée *théorie des cordes*. La principale nouveauté de cette théorie est que les ingrédients élémentaires de la matière (électron, neutrinos, quarks, muon, tau) ne sont plus des particules ponctuelles dénuées de toute dimension spatiale, mais des petits filaments unidimensionnels en vibration appelés *cordes*. La théorie des cordes était née. Selon cette théorie, et à l'opposé du monde des particules où l'on dénombre douze particules fondamentales, il n'y aurait qu'un seul ingrédient fondamental : la *corde*. Toute la diversité des particules élémentaires serait alors rendue par les différents modes de vibration de la corde.

On peut illustrer la différence entre le modèle corpusculaire et le modèle des cordes au moyen d'une analogie avec des instruments de musique. Le clavier d'un piano est composé de 88 touches : 52 touches blanches et 36 touches noires ;

ce clavier fournit tous les sons requis pour une partition musicale. Le violon par contre n'a que 4 cordes, mais les modes vibratoires de ces cordes permettent d'obtenir toutes les gammes de son d'un piano. De la même façon, les différents modes de vibration des cordes de la théorie des cordes devraient pouvoir être mis en correspondance avec toutes les particules élémentaires du modèle corpusculaire.

La théorie des cordes a connu plusieurs versions successives. En particulier la théorie des supercordes dont les ingrédients fondamentaux sont des boucles fermées ou des brins ouverts. Les équations de la théorie des supercordes ne sont mathématiquement cohérentes que si elles sont immergées dans un espace à neuf dimensions auxquelles vient s'ajouter une dimension temporelle. Vers la fin du vingtième siècle les physiciens ont démontré que les dimensions spatiales supplémentaires permettaient de rendre compte de la correspondance entre toutes les particules élémentaires et les modes de vibration de ces cordes.

Comme le souligne le physicien Brian Greene, ces dimensions supplémentaires ne sont pas un point de détail : *Bien que beaucoup d'aspects de la théorie des cordes nous échappent encore, celle-ci laisse déjà présager de nouveaux horizons spectaculaires. Peut-être le plus étonnant de tous est-il qu'en comblant le fossé qui séparait la relativité générale de la mécanique quantique la théorie des cordes a révélé que l'espace-temps pourrait avoir plus de dimensions que celles que l'on perçoit directement – et ces dimensions cachées pourraient être la clé de certains des plus épais mystères de notre Univers. En outre, la théorie stipule que les notions familières d'espace et de temps ne survivent pas dans le royaume subplanckien, ce qui suggère que l'espace et le temps tels que nous les comprenons aujourd'hui pourraient n'être que des approximations de concepts plus fondamentaux qu'il nous reste à découvrir.*[13]

Si le modèle des cordes est né du désir de combler le fossé entre la mécanique quantique et la théorie de la relativité,

[13]B. Green : *La magie du cosmos*, p. 447, Robert Laffont, Paris, 2005.

ce modèle ne constitue en rien une théorie unifiée décrivant toutes les forces et toute la matière de l'Univers en une seule grande structure théorique. C'est dans le contexte de cette recherche que Edward Witten proposa en 1995 une variante de la théorie des cordes qui comportait dix dimensions spatiales, soit onze dimensions d'espace-temps. Cette version, appelée *théorie M*, unifiait les cinq théories des cordes connues et conduisit à établir qu'existaient d'autres éléments que des cordes. Ce sont des objets à p dimensions spatiales, appelés *branes*, ou *p-branes*, p pouvant être n'importe quel nombre inférieur à 10. Cette vision des choses implique de nouvelles visions de l'espace-temps.

Le caractère indispensable des mathématiques pour accompagner les physiciens était, une fois de plus, souligné par le fait que c'est grâce à sa maîtrise des mathématiques qu'Edward Witten parvint à concevoir sa théorie M. Maîtrise qui lui valut d'être le premier physicien à gagner la médaille Fields en 1990. Prix attribué tous les 4 ans et qui, pour les mathématiques, est équivalent au prix Nobel.

Selon la théorie M, qui est une théorie quantique qui unifie toutes les versions de la théorie des cordes, l'Univers possède dix dimensions d'espace et une de temps. Dans cet Univers, l'espace et le temps pourraient n'avoir que peu de rapport avec ce que nous imaginons. Et notre Univers n'être qu'une composante de quelque chose de bien plus complexe que nous ne sommes pas prêts à appréhender : *Ainsi, chercher l'espace-temps qui nous est familier dans les lois les plus fondamentales de la Nature pourrait s'apparenter à une tentative d'apprécier la* Neuvième *de Beethoven uniquement note par note, ou les toiles de Monet coup de pinceau par coup de pinceau. Comme ces chefs-d'œuvre de l'expression humaine, l'espace-temps dans sa globalité pourrait être si différent de ses parties que rien de semblable n'existerait au niveau le plus fondamental.*[14]

[14]B. Green : *La magie du cosmos*, p. 565, Robert Laffont, Paris, 2005.

Un pas vers la métaphysique

À propos d'une théorie ultime qui engloberait toutes les théories, non seulement existantes mais qui pourraient un jour exister, Stephen Hawking suggère trois possibilités :

1. Une théorie complètement unifiée existe effectivement [ou bien une série de formulations se recoupant partiellement], que nous découvrirons sans doute un jour si nous sommes suffisamment intelligents.

2. Il n'y a pas de théorie ultime de l'Univers, mais seulement une suite infinie de théories, dont aucune ne sera jamais totalement exacte, mais qui décrivent l'Univers avec plus ou moins de précision.

3. Il n'y a pas de théorie de l'Univers : au-delà d'un certain point, les événements sont imprévisibles, ils se produisent par hasard et de façon arbitraire.[15]

Stephen Hawking s'appuie sur des arguments de la physique quantique, entre autre sur le principe d'incertitude d'Heisenberg, pour éliminer d'emblée la troisième possibilité. La deuxième possibilité s'accorde jusqu'ici avec notre expérience. La première avec nos espoirs : *Néanmoins, si nous parvenons réellement à découvrir une théorie unificatrice, elle devrait avec le temps être compréhensible par tout le monde dans ses grands principes, pas seulement par une poignée de scientifiques. Philosophes, scientifiques et personnes ordinaires, tous seront capables de prendre part à la discussion sur le pourquoi de notre existence et de notre Univers. Et si nous trouvions un jour la réponse, ce serait le triomphe de la raison humaine – qui nous permettrait alors de connaître la pensée de Dieu.*[16]

Connaître la pensée de Dieu ! Saisissant raccourci de langage sans doute, mais qui permet de pointer vers autre chose. D'anticiper une autre approche, une autre rationalité. Et de philosopher comme le fait Bernard d'Espagnat lorsque, partant de certaines données de la théorie quantique, il en arrive

[15] S. Hawking, *Une belle histoire du temps*, p. 154, Flammarion, Paris, 2005.
[16] *Ibidem*, p. 163.

à concevoir un *Dieu plus que cosmique*. Car cette *théorie ultime*, cette *loi unique*, ce langage compréhensible par tout le monde, dont parle Stephen Hawking, et pas compréhensible seulement par une poignée de savants, ce langage d'une universalité et d'une simplicité déroutantes, peut-être existe-t-il déjà. Mais pas dans le contexte scientifique. Le discours vrai sur l'amour – qu'il soit humaniste, religieux ou autre – peut en effet être vu comme une théorie ultime pour tout ce qui concerne l'éthique, le relationnel, la destinée, le sens de la vie. Finalement pour ce qui s'avère sans aucun doute être le plus important. Il se pourrait donc que, dans le domaine du simplement humain, religieux et humanistes soient en avance sur les scientifiques !

Car l'amour et, plus généralement, le fait d'aimer est universel. Il est de toutes les cultures, de toutes les époques, il n'est même pas circonscrit au genre humain. Tout ce qui vit dans la Nature, d'une façon ou d'une autre, relève du verbe *aimer*. Les sages n'ont-ils d'ailleurs pas bâti le plus clair de leur discours autour de ce verbe ? Jésus de Nazareth n'a-t-il pas exhorté ainsi ceux qui l'écoutaient : *Je vous donne un commandement nouveau : vous aimer les uns les autres ; comme je vous ai aimés, aimez-vous les uns les autres. À ceci tous reconnaîtront que vous êtes mes disciples : si vous avez de l'amour les uns pour les autres* (Jn **13**,34-35).

Théorie ultime de l'amour qui, à l'inverse de celle des scientifiques sur l'Univers, est réellement universelle parce que ne demandant, pour être comprise, ni bagage intellectuel spécialisé, ni intelligence des sciences, exactes ou humaines. Elle ne passe ni par de savants discours, ni par des théologies sophistiquées, encore moins par des raisonnements subtils, des dogmes ou des doctrines. Par là même, elle correspond sans doute à une vérité plus profonde et plus universelle que celle de n'importe quelle discipline formalisée. Et sans doute de n'importe quelle philosophie, science de l'Homme ou spiritualité organisée.

Ainsi, quiconque par sa vie, par ses actes, par ses paroles, exprime – hors de tout sentimentalisme – le langage vrai de l'amour, serait prophète. D'abord parce que, pour reprendre l'expression de Henri Beyle, dit Stendhal, *l'amour est la plus grande des affaires, ou plutôt la seule.* Ensuite parce qu'il viendrait révéler une des faces de cette à peu près inconnaissable réalité en soi, de l'Être, de Dieu, de la Nature. Chacun choisira le terme qui lui paraît le plus approprié.

Dans la tradition des grands prophètes d'Israël, je ne vois pratiquement que Jésus de Nazareth qui se soit engagé à ce point, tout à la fois à propos d'un Dieu qui est Amour, de l'amour de Dieu pour tous les hommes, de l'amour des hommes entre eux. Et je crois qu'il ne s'agit pas là, de ma part, d'un jugement arbitraire, ou partial, ou *engagé* comme on dit. Mais de la simple prise en considération d'actions, de paroles, de prises de position, qui furent celles d'une personnalité exceptionnelle. Personnalité dont l'historicité ne fait pas – ou plus – de doute. Car réduit à l'essentiel, le message de Jésus de Nazareth devient alors vraiment universel : *Ce qu'il faut, c'est aimer et pardonner bien plus que philosopher et chercher à comprendre. Vous serez alors vraiment les fils du Très-Haut, car il fait indifféremment lever son soleil sur les méchants et sur les bons, et tomber la pluie sur les justes et sur les injustes* (selon Matthieu **5**,45).

Toutes raisons qui font que je m'inscrirais dans un théisme raisonné où un Dieu personnel (c'est-à-dire un Dieu qui est une personne, ou plus qu'une personne) trouve dans l'amour tel qu'il transparaît dans la vie du Christ le fondement et le point fixe d'une alliance avec l'Humanité. En d'autres termes, le Christ, par sa vie, son œuvre, réaliserait idéalement, *accomplirait*, l'Alliance biblique, la *berit.* Alliance entre Dieu et l'Homme qui n'est perceptible par l'Homme que si, à l'image de toutes les alliances humaines, elle est *fragile* ; dans le sens où elle demande à être régulièrement réanimée, apurée, repensée, affinée. Par exemple, repensée dans le contexte de l'Europe occidentale en ce début de troisième millénaire, au vu d'une rationalité scientifique autonome, consciente de ses apports comme de ses limites. Car la vérité scientifique est, elle aussi, un *ornement du réel* (H. Atlan).

Dieu personnel et Dieu cosmique qui, à l'instar des modèles corpusculaires et ondulatoires de la lumière, seraient les deux faces d'une inaccessible réalité. Les faces de Yahvé on ne peut les voir, mais uniquement ses traces (Ex **33**,23) !

6

Einstein : éthique, philosophie, religion

Outre son œuvre scientifique, Albert Einstein a consacré de nombreuses pages aux rapports entre science et religion. Les scientifiques n'aiment en général pas trop parler de leurs croyances. Soit parce qu'ils n'y attachent pas grande importance, soit parce qu'ils estiment qu'elles relèvent exclusivement du domaine privé. Il ne fallait donc pas attendre d'Albert Einstein de grandes déclarations assimilables à des professions de foi. Nous devrons nous contenter de textes ou prises de position, énoncés au gré d'échanges et de publications diverses. Ainsi, dans la conférence *Religion et science*, publiée dans le *Berliner Tageblatt* en 1930 et reprise dans *Albert Einstein, science éthique et philosophie*, nous lisons : *L'homme éprouve l'inanité des désirs et des buts humains et le caractère sublime et merveilleux de l'ordre qui se révèle dans la Nature ainsi que dans le monde de la pensée. Il ressent son existence individuelle comme une sorte de prison et veut vivre la totalité de ce qui est comme quelque chose qui a une unité et un sens. On trouve des ébauches de religiosité cosmique dès les stades de développement primitif, comme par exemple dans certains psaumes de David ainsi que chez quelques prophètes. Les éléments de religiosité cosmique sont beaucoup plus forts dans le bouddhisme, comme nous l'ont appris les merveilleux écrits de Schopenhauer. Les génies religieux de tous les temps ont été distingués par cette religiosité cosmique, qui ne connaît ni dogmes ni Dieu pensé à l'image de l'homme. Il ne peut donc y avoir d'Église qui fonderait son enseignement sur la religiosité cosmique. C'est ainsi que l'on trouve, précisément parmi les hérétiques de tous les temps, des hommes qui ont été remplis de cette religiosité suprême et que leurs contemporains ont souvent pris pour des athées, mais parfois aussi pour des saints. Vus sous cet angle, des hommes comme Démocrite, saint François d'Assise et Spinoza sont très proches les uns des autres. Comment cette religiosité cosmique peut-elle être transmise d'un individu à l'autre si elle ne peut conduire à un concept en forme de Dieu et à une théologie ? Il me semble que c'est la fonction la plus importante de l'art et de la science d'éveiller ce sentiment chez ceux qui sont susceptibles de l'accueillir et de le maintenir vivant.*

Quelle foi profonde dans le caractère raisonnable de la construction du monde et quel désir de comprendre, ne serait-ce qu'un minime reflet de la raison révélée dans ce monde, devaient être à l'œuvre chez Kepler et Newton pour qu'ils puissent éclaircir, par un long travail solitaire, le mécanisme de la mécanique céleste. Ceux qui, pour l'essentiel, ne connaissent la recherche scientifique que d'après ses effets pratiques risquent facilement d'avoir une conception tout à fait erronée de l'état d'esprit des hommes qui, dispersés dans tous les pays du monde et tous les siècles, partagent les mêmes idéaux qu'eux. Seuls ceux qui ont consacré leur vie à de semblables buts ont une idée vivante de ce qui a animé ces hommes et de ce qui leur a donné la force de rester fidèles à leur but, malgré d'innombrables échecs. C'est la religiosité cosmique qui dispense de telles forces. Un contemporain a dit, à juste titre, que les chercheurs sérieux sont, à notre époque en général matérialiste, les seuls hommes profondément religieux.[1]

[1] *Albert Einstein, Œuvres choisies, 5. Science, éthique, philosophie*, p. 156-158, Seuil, Paris, 1971.

Si Albert Einstein a fort insisté sur une religiosité cosmique, il n'en a pas pour autant oublié les religions classiques, et particulièrement le judaïsme dont il dira : *Il est clair aussi que "servir Dieu" voulait dire la même chose que "servir ce qui vit". C'est pour cet idéal que les meilleurs d'entre le peuple juif, en particulier les prophètes et Jésus, ont inlassablement combattu.* Également, dans un article intitulé *Pourquoi la haine des Juifs ?*, il insistera sur les bienfaits que nombre d'entre eux ont apporté à l'humanité : *Des personnalités comme Moïse, Jésus, Spinoza, Karl Marx, aussi différentes qu'elles puissent être, ont vécu et se sont sacrifiées pour l'idéal de la justice sociale. Sur ce chemin hérissé d'épines, ils ont été guidés par la tradition de leurs pères.* Enfin, quant au rapport qu'il pourrait y avoir entre le Dieu cosmique et le Dieu personnel du judaïsme et du christianisme, Albert Einstein conclura : *Nous autres, disciples de Spinoza, nous voyons notre Dieu dans la merveilleuse ordonnance et régularité de l'étant. (...) Autre est la question de savoir si la croyance en un Dieu personnel doit être combattue. (...) Pour moi, je ne m'engagerai jamais dans une telle entreprise. (...) Une telle croyance me semble toujours meilleure que le manque de toute conception transcendantale de la vie. (...) D'autant qu'il est douteux que l'on puisse offrir avec succès à la plupart des hommes un moyen plus sublime de satisfaire leur besoin métaphysique.*[2]

Outre ses prises de position déjà citées, il faut encore noter son opinion nuancée selon laquelle *l'hostilité de principe vis-à-vis des organisations religieuses n'est pas justifiée.* Allant jusqu'à ajouter que *la conception supra-personnelle que procure, même sous forme primitive, la religion est plus valable que le matérialisme.* Il affirme encore : *Je crois que l'élimination du culte religieux signifierait, même encore aujourd'hui, un appauvrissement spirituel et moral – si grossières et si affreuses que puissent être, à bien des égards, l'attitude et l'activité du clergé.*[3]

[2] *Albert Einstein, Œuvres choisies, 5. Science, éthique, philosophie*, p. 157-159, 194, 201, Seuil, Paris, 1971.

[3] Correspondance citée dans : *Albert Einstein, Œuvres choisies, 5. Science.*

Sans grand risque de se tromper, on peut donc affirmer que la foi d'Albert Einstein relevait d'une religiosité cosmique, certes influencée par le judaïsme dans sa forme la plus tolérante. Il écrira à ce sujet : *On peut suivre dans l'Écriture sainte du peuple juif le passage d'une religion de la peur à une religion de la morale ; ce passage se poursuit dans le Nouveau Testament. (...) Tous ces types de religion ont en commun le caractère anthropomorphe de l'idée de Dieu. Seuls des individus particulièrement riches ou des communautés particulièrement nobles parviennent en général à s'élever au-dessus de ce niveau d'expérience religieuse. Chez eux tous il existe également un troisième niveau d'expérience religieuse, même s'il apparaît rarement à l'état pur, que je qualifierai de religiosité cosmique. Celle-ci est difficile à expliquer à ceux qui y sont étrangers puisqu'il ne lui correspond aucun concept humain de Dieu.*[4]

Enfin, évoquant la remarquable persévérance qui fut celle de Max Planck au cours d'une vie dévouée à la recherche scientifique, Albert Einstein refusait de n'y voir qu'un simple effort de la volonté. Selon lui, et pour reprendre ses propres termes : *l'état affectif qui rend capable de tels exploits s'apparente à celui dans lequel nous mettent l'amour et la foi.*[5] En ce qui concerne la vision juive du monde et de Dieu, il dira encore ceci : *Le judaïsme n'est pas une croyance. Le Dieu juif n'est qu'une négation de la superstition, il est ce que l'imagination supplée quand la superstition est supprimée. (...) Mais il y a encore dans la tradition juive un autre aspect qui s'exprime magnifiquement dans certains psaumes : une sorte de joie enivrée et d'étonnement devant la beauté et la grandeur de ce monde dont l'homme ne peut se faire tout au plus qu'une vague idée. C'est dans ce sentiment que la recherche authentique va puiser son énergie intellectuelle, mais c'est lui aussi qui semble s'exprimer dans le chant des oiseaux. Le lien avec*

---

[4]Correspondance citée dans : *Albert Einstein, Œuvres choisies, 5. Science, éthique, philosophie*, p. 156, Seuil, Paris, 1971.

[5]A. Einstein, 1934, cité dans : B. d'Espagnat, *Traité de physique et de philosophie*, p. 526, Fayard, Paris, 2002.

l'idée de Dieu n'apparaît ici que comme simplicité d'esprit enfantine.[6]

Il faut enfin noter que – comme déjà souligné – c'est dans la notion de Dieu au sens de Spinoza qu'Einstein se retrouvait le mieux. Dans la conception de Dieu propre à Spinoza, outre l'*étendue* et la *pensée*, Dieu possédait encore une infinité d'autres *attributs*, non accessibles à la connaissance humaine, et donc non explicitables.

La religiosité cosmique à laquelle se réfère Albert Einstein nous ramène, en quelque sorte, au Dieu plus que cosmique de Bernard d'Espagnat, dont il a été question au chapitre 4 : *Si l'on choisissait d'exprimer ces deux vues en un langage qui ferait appel au mot "Dieu", on devrait dire que, selon Bergson, l'intuition nous rend perceptible un Dieu assez proche, centré sur la vie, et même sur l'humain, alors que selon la thèse du Réel voilé elle nous rend sensibles (par telle médiation ou telle autre) à une lueur issue d'un Dieu plus que cosmique, premier par rapport à toute réalité contingente connue sur le mode du discursif.*

Enfin, il intéressera encore les chrétiens de savoir ce que le savant pensait de Jésus de Nazareth et des Évangiles. Concernant les Évangiles, il déclare que personne ne peut les lire *sans ressentir la présence réelle de Jésus. Sa personnalité résonne dans chaque mot. Aucun mythe n'est rempli d'une telle vie.* Il déclare quelques lignes plus loin : *Aucun homme ne peut nier le fait que Jésus ait existé, ou que ses paroles soient magnifiques. Bien que certaines aient été dites auparavant, personne ne les a exprimées si divinement.*[7]

[6] A. Einstein, 1932, cité dans : A. Einstein, *Œuvres choisies, 5. Science, éthique, philosophie*, p. 193-194, Seuil, Paris, 1991.

[7] https://fr.wikipedia.org/wiki/Albert Einstein cite note-67

Je pense que quiconque croit en un être suprême soutenant chaque être et chaque acte, croit aussi que Dieu est essentiellement caché, et peut se réjouir de voir comment la physique actuelle fournit un voile cachant la création.

Georges Lemaître

7
Georges Lemaître : le *big bang*

Dans le prolongement de la théorie de la relativité générale, impossible de ne pas évoquer cette autre théorie qui allait révolutionner le paysage scientifique du vingtième siècle : la théorie du *big bang*. Il s'agit d'un modèle cosmologique qui décrit l'évolution de l'Univers depuis pratiquement son origine. Dans cette théorie l'espace n'est pas statique mais dynamique. La théorie du *big bang* s'oppose donc à l'hypothèse d'un Univers statique qu'Albert Einstein lui-même a longtemps défendue. Cette théorie est intimement liée à l'œuvre du mathématicien russe Alexander Friedmann et à celle du savant belge Georges Lemaître. Les scientifiques reconnaissent aujourd'hui en ce dernier le père du *big bang*.

Traitant de l'origine absolue de l'Univers, la théorie du *big bang*, désormais appelée *modèle standard* est au cœur de la cosmologie contemporaine. Elle est considérée par le physicien anglais Paul Davies comme la découverte la plus importante de l'histoire de l'humanité.[1] Théorie du *big bang* qui a aussi marqué les esprits à cause des associations qu'elle a suscitées avec le récit biblique de la création.

[1]P. Davies, *About time*, Viking, London, 1995 ; cité dans : I. Prigogine, *La fin des certitudes*, Coll. Sciences, Odile Jacob, Paris, 1996.

L'Univers stationnaire d'Einstein-de Sitter

L'histoire du *big bang* est intimement liée à celle de l'interprétation des équations de champs dans le contexte de la théorie de la relativité générale. Dans le cadre de cette théorie, ces équations, dues à Albert Einstein, unissent deux types d'objets distincts. Un des deux termes des équations décrit la courbure de l'espace-temps tandis que le deuxième définit le contenu matériel de cet espace-temps.

En 1917, soit un an après la publication de la théorie de la relativité générale, Albert Einstein publie un article intitulé *Considérations cosmologiques sur la théorie de la relativité générale.* C'était également l'époque où il pensait que les galaxies étaient stationnaires et occupaient le même emplacement dans l'Univers qui, de toute éternité, restait inchangé ; du moins à grande échelle. Or, selon la théorie de gravitation universelle de Newton, mais aussi celle d'Einstein, tous les objets de l'Univers s'attirent avec une force proportionnelle à leur masse et inversement proportionnelle au carré de leur distance. Pour que l'Univers reste stationnaire et ne s'effondre pas sur lui-même, il faut donc qu'une autre force compense la force d'attraction.

En se penchant sur ses équations, Einstein découvrit qu'on pouvait, sans nuire à leur rigueur, ajouter une constante cosmologique qui représenterait une sorte de force de répulsion cosmique universelle qui compenserait la force d'attraction universelle. Il s'agit donc d'une nouvelle constante de la Nature, qu'Einstein désigna par la lettre grecque λ, et qui, depuis lors, a été baptisée *constante cosmologique.*

Einstein privilégiait donc la solution de ses équations qui aboutissait à un Univers statique, c'est-à-dire un Univers non-évolutif qui était en accord avec ses convictions philosophiques profondes. En d'autres termes, pour Einstein, à un certain moment, c'étaient ses intuitions majeures qui guidaient ses certitudes scientifiques, et non l'inverse ! Il faut dire que son Univers statique répondait d'ailleurs à l'esprit de Spinoza qui était le philosophe favori d'Einstein.[2]

[2] I. Prigogine, *La fin des certitudes*, p. 206, Odile Jacob, Paris, 1996.

C'est plus tard, lorsqu'il était devenu évident que l'Univers n'était pas statique, mais en expansion, que Albert Einstein reconnut son erreur qu'il qualifia de *plus grosse erreur qu'il ait commise de sa vie.* Il admit d'ailleurs lui-même que si la fuite des galaxies et l'expansion de Hubble avait été découverte au moment de la création de la relativité générale, le terme cosmologique n'aurait pas été introduit. Voici ce qu'il écrivait en 1930 :

L'objection que l'on peut faire à ma solution des équations de la gravitation est qu'on est obligé d'introduire une pression négative, pour laquelle il n'existe aucune justification physique. Pour rendre cette solution acceptable, j'ai d'abord introduit un nouveau membre dans l'équation au lieu de la pression que je viens de mentionner, ce qui, du point de vue de la relativité, est admissible. Les équations de la gravitation ainsi étendues étaient :

$$(R_{ik} - \frac{1}{2}g_{ik}) + \lambda g_{ik} + xT_{ik} = 0$$

où λ est une constante universelle ("constante cosmologique").[3] *L'introduction de ce second membre constitue une complication de la théorie, qui réduit sérieusement sa simplicité logique. Cette introduction peut se justifier seulement par la difficulté que fait naître l'intervention, presque inévitable, d'une densité moyenne finie de matière. Nous pouvons remarquer en passant que dans la théorie de Newton existe la même difficulté.*

Le mathématicien Friedman trouva le moyen pour sortir de ce dilemme. Son résultat reçut alors une confirmation surprenante grâce à la découverte de Hubble de l'expansion du système d'étoiles (un déplacement des raies spectrales vers le rouge qui augmente uniformément avec la vitesse.[4]

L'histoire de la constante cosmologique d'Einstein n'était cependant pas terminée.

[3]Dans cette équation, R_{ik} est le tenseur de Ricci, g_{ik} le tenseur métrique de signature, λ la constante cosmologique, T_{ik} le tenseur énergie-impulsion, x la constante gravitationnelle d'Einstein.

[4]A. Einstein, *Signification de la relativité. Compléments. Sur le problème cosmologique*, p. 3-4, Gauthier-Villars, Paris, 1960.

Rappelons que pour Albert Einstein, l'Univers était stationnaire, c'est-à-dire immuable et immobile. Or, pour que cet Univers ne s'effondre pas sur lui-même il fallait qu'une force de répulsion vint compenser celle de l'attraction universelle qui veut que tous les corps s'attirent l'un l'autre. Cette force, Albert Einstein la modélisa au moyen de la constante cosmologique notée λ. Mais à partir du moment où il était devenu évident que l'Univers n'était pas statique, mais que, par suite du *big bang* initial, il s'étendait, la constante cosmologique était devenue superflue puisque la force de répulsion qui contrebalançait celle de l'attraction universelle était l'impulsion initiale due au *big bang.*

Lorsque nous lançons une balle en l'air, elle acquiert une certaine vitesse qui ralentit avec le temps. Il aurait dû en être de même pour l'Univers dont la vitesse d'expansion aurait dû s'atténuer au fur et à mesure que le temps s'écoulait. Or il n'en va pas ainsi. Comme on l'observe, cette expansion s'accélère avec le temps. Et cette accélération, qui ne peut être due à l'impulsion initiale (au *big bang*) peut précisément être modélisée par la constante cosmologique d'Einstein qui trouve ainsi une nouvelle raison d'être. Ce développement inattendu est dû à Steven Weinberg. La constante cosmologique λ étant un être mathématique, la question qui se pose est de savoir quelle explication physique se situe derrière ce λ. La signification physique de λ est celle d'une énergie qui produit une force de répulsion. Étant donné que nous ne connaissons pas l'origine de cette énergie, on utilise pour la nommer l'expression *énergie noire.* Il s'agit d'une énergie qui baigne uniformément l'ensemble de l'Univers, y compris ses zones apparemment vides.

Géniale intuition

C'est après qu'Albert Einstein eut énoncé son principe de relativité générale que se produisit une succession d'événements qui illustre le dialogue qui peut s'instaurer entre l'Homme et la Nature. C'est-à-dire entre la langue artificielle des mathématiques et la langue naturelle de la physique.

Tout d'abord, du point de vue de la langue artificielle, soit des équations cosmologiques de champs d'Einstein, ce sont le Russe Alexander Friedmann et le Belge Georges Lemaître qui, indépendamment l'un de l'autre, démontrèrent que l'Univers d'Einstein était instable. La plus petite fluctuation le détruirait. Contrairement à ce qu'Einstein souhaitait les solutions stables de ses équations correspondaient à un Univers en expansion ou en contraction. Mais le fait interpellant est que Einstein avait introduit la constante cosmologique précisément afin de rendre mathématiquement vrai un fait qui, physiquement, s'avérera faux : l'Univers était tout sauf stationnaire. Des années plus tard, lorsqu'il aura admis que l'Univers était en l'expansion, Einstein médita longuement sur son occasion manquée d'avoir pu prédire cette expansion. Voyons les circonstances qui ont amené cette prise de conscience.

Au début du vingtième siècle, on pensait que la Voie lactée constituait *tout* l'Univers. Or, depuis longtemps, les astronomes avaient également discerné dans les profondeurs du ciel des objets étranges en forme de nuages qu'ils avaient appelés *nébuleuses*. Aux environs des années 1920, l'enjeu d'un débat scientifique était de savoir si ces nébuleuses se situaient à l'intérieur de la Voie lactée ou si elles lui étaient extérieures. Il revint à l'astronome américain Edwin Hubble de mettre fin aux polémiques en démontrant en 1925 que la nébuleuse d'Andromède se situait à une distance de deux millions d'années-lumière et était donc franchement hors de la Voie lactée. Certaines nébuleuses étaient donc des îles d'étoiles, semblables à notre Voie lactée, et ces îles d'étoiles reçurent le nom de *galaxies*. Depuis lors, on estime que l'Univers observable est constitué d'une centaine de milliards de galaxies, chacune comprenant quelques milliards à quelques centaines de milliards d'étoiles. La découverte que l'Univers était peuplé de galaxies, semblables à la Voie lactée, fut suivie quelques années plus tard par une découverte bien plus étonnante encore.

L'astronome américain Vesto Slipher avait déjà effectué la première mesure de la vitesse radiale d'une nébuleuse en 1912. Ayant mesuré entre les années 1912 et 1922 la vitesse radiale de quelque quarante-deux galaxies, il découvrit qu'elles s'éloignaient toutes l'une de l'autre et que leur vitesse de fuite était proportionnelle à leur distance : plus les galaxies sont éloignées, plus rapidement elles s'enfuient. L'importance de cette découverte tient à ce que, du phénomène de la fuite des galaxies à celui du commencement de l'Univers, il n'y a qu'un pas. Et c'est précisément ce pas que franchit Georges Lemaître en 1927 lorsque, informé des résultats préliminaires de Vesto Slipher et armé de ses seuls calculs, au terme d'une intuition que l'on peut sans exagération qualifier de géniale, il dévoila une nouvelle vision du commencement de l'Univers.

Le raisonnement tenu par le savant est le suivant. Si les galaxies se fuient l'une l'autre, c'est que l'Univers s'étend, et s'il s'étend, c'est que, avant, il devait être plus petit. Si l'on pouvait remonter le temps, on devrait donc trouver un Univers de moins en moins étendu jusqu'à découvrir – il y a environ quatorze milliards d'années – un atome primitif de dimension quasi nulle et de densité quasi infinie.

Selon cette théorie, c'est l'explosion de cet atome primitif qui aurait marqué le commencement de l'Univers, mais aussi peut-être le début du temps et de l'espace. Si, déjà en 1927, Georges Lemaître avait construit un modèle mathématique d'Univers en expansion,[5] c'est en 1931 que, joignant la base théorique des équations cosmologiques d'Albert Einstein aux observations faites par l'astronome américain Vesto Slipher sur la fuite des galaxies, il publia son article fondamental

[5]G. Lemaître, Un univers homogène de masse constante et de rayon croissant, rendant compte de la vitesse radiale des nébuleuses extragalactiques, *Annales de la Société scientifique de Bruxelles*, série A : sciences mathématiques, première partie : comptes rendus des sciences, t. XLVII, 1927, p. 49-59.

sur le commencement de l'Univers. Il y émet ce qu'il a appelé *l'hypothèse de l'atome primitif.*[6] La théorie du *big bang* était née. Cette théorie avait pour conséquence d'amener la science à la question de la naissance de l'Univers. Il s'agit là d'une vraie découverte. C'est-à-dire d'une découverte à laquelle le monde scientifique ne s'attendait pas. D'où les longues réticences d'Albert Einstein et d'autres scientifiques avant de l'accepter. On raconte à ce sujet qu'à Georges Lemaître qui avait tenté de le convaincre de la justesse de sa théorie, Albert Einstein aurait répondu : *Vos mathématiques sont admirables mais votre physique est abominable.*

Depuis la découverte par Georges Lemaître du *big bang*, cette théorie est au cœur de la cosmologie contemporaine. On admet en général qu'elle permet une description de l'évolution de l'Univers à partir d'une seconde après le *big bang.* Quant à la question de la description de l'Univers pendant cette première seconde, cette question demeure ouverte. Il faut encore noter que l'expansion cosmique est l'expansion *de* l'espace lui-même et non un mouvement des galaxies *dans* l'espace. Et que, contrairement à ce qui peut se passer *dans* l'espace, il n'y a pas de limite à la vitesse d'expansion *de* l'espace qui peut donc franchement dépasser la vitesse de la lumière.

Mentionnons encore qu'en 1965, deux physiciens américains, Arno Penzias et Robert Wilson, sont tombés, bien involontairement, sur une remarquable confirmation de la théorie du *big bang.* Ils découvrirent un *bruit de fond* qui existait uniformément dans tout l'Univers, et ce bruit de fond était l'écho assourdi du grondement fabuleux – ou de l'éclair fulgurant – qui dut accompagner l'explosion primordiale. Autrement dit, les deux physiciens venaient de découvrir, dans une onde fossile, un vestige du début de l'Univers.[7] Ce grand commencement, provoqué par l'explosion primordiale désormais appelée *big bang*, constitue le

---

[6] G. Lemaître, The beginning of the world from the point of view of quantum theory, *Nature*, t. CXXVII, n° 3210, p. 706.

[7] S. Weinberg, *Les trois premières minutes de l'univers*, Coll. science ouverte, Seuil, Paris, 1978.

moment limite en deçà duquel il n'est plus possible de remonter dans le temps, qui d'ailleurs n'existait peut-être pas *avant.* Demander ce qui s'est passé avant le *big bang* reviendrait, selon une image due à Stephen Hawking, à chercher un point qui se situerait au nord du pôle Nord.[8] Cela signifie que l'existence, ou la non-existence, d'un temps antérieur au *big bang*, ou d'événements qui se seraient passés avant l'explosion initiale, n'ont aucun effet sur l'état actuel de l'Univers observable, et ne relèvent donc pas de la physique, mais de la métaphysique.

On peut donc poser que, en ce qui concerne *notre histoire*, le temps, l'espace et l'Univers ont commencé avec le *big bang.* Quant à la taille actuelle de l'Univers, elle est déterminée par *l'horizon des événements* ; comme les objets les plus lointains s'éloignent de nous le plus vite, il existe un horizon au-delà duquel nous ne pouvons plus rien percevoir. L'âge de l'Univers étant de quatorze milliards d'années, cet horizon se situe à quatorze milliards d'années-lumière, et détermine donc la taille de l'Univers observable. L'hypothèse du *big bang* introduit une limite naturelle, non seulement à l'âge de l'Univers, mais aussi à sa dimension observable.[9]

La théorie du *big bang* et toute la cosmogonie contemporaine est liée à la relativité générale d'Einstein. En associant le début de l'Univers à une singularité essentielle que les lois de la physique ne peuvent décrire, la théorie du *big bang* se situe aux limites de la connaissance rationnelle. Ceci a conduit certains à se poser la question de la pertinence du rapprochement que l'on pourrait faire entre le *big bang* et le récit biblique de la création. Et, plus généralement, avec une création divine *ex nihilo.* Ce rapprochement a donné lieu à nombre de controverses parmi lesquelles il vaut sans doute la peine d'évoquer la plus spectaculaire.

---

[8] S. Hawking, *Une brève histoire du temps. Du big bang aux trous noirs*, Flammarion, Paris, 1989 ; voir également : S. Hawking, *Commencement du temps et fin de la physique ?*, Flammarion, Paris, 1992.

[9] Ces estimations ne tiennent pas compte de l'évolution du taux d'expansion de l'Univers en fonction du temps. En particulier ils ne prennent pas en compte la période inflationnaire de l'Univers.

L'affaire Un' Ora

Dans un discours prononcé en 1951 devant l'Académie pontificale des sciences, et donc en présence de Georges Lemaître qui en était membre, le pape Pie XII, confondant physique et métaphysique, donne de l'instant du *big bang* cette interprétation sans équivoque: *Vers cette époque, le cosmos est sorti de la main du Créateur.* À ce moment, à l'écoute du discours de son supérieur hiérarchique, le prêtre Georges Lemaître sait qu'il doit réagir. En effet, mal interprété, ce discours risque de relancer de plus belle la polémique entre foi et science. Au risque de nuire à l'une comme à l'autre. Les modalités de la réaction de Georges Lemaître ne sont pas connues avec précision. Tout ce que l'on sait c'est que, un peu moins d'une année plus tard, soit le 7 septembre 1952, à l'occasion d'un discours inaugural devant l'assemblée générale de l'Union astronomique internationale, Pie XII a l'intention de faire un exposé sur le même thème. Ce que l'on sait également, c'est que peu de temps auparavant Georges Lemaître s'était entretenu avec le pape. Entretien pour le moins couronné de succès puisque le discours de Pie XII, quoique reprenant les idées de celui de 1951, était devenu nettement plus acceptable pour un auditoire composé de scientifiques issus d'horizons philosophiques et religieux divers. Le pape n'évoque plus – comme en 1951 – le *Fiat lux* initial, mais bien les *processus cosmiques qui se sont déroulés au premier matin de la création.*

Mais, peut-être davantage encore que l'ouverture d'un souverain pontife à certaines objections d'un de ses subordonnés, ce qu'il faut admirer le plus c'est la détermination d'un ecclésiastique à refuser que ses idées débordent dans un autre contexte que celui où elles ont été émises. À cet égard, l'attitude de Georges Lemaître est exemplaire. N'oublions pas en effet qu'il s'agit d'un prêtre dont les travaux auraient pu donner un sérieux coup de pouce à tous ceux qui cherchaient des preuves de l'existence de Dieu. Or, après s'être opposé au plus haut dignitaire de son Église au point d'en retourner la pensée, il continuera à affirmer avec la plus grande détermination que sa propre théorie du *big bang* n'implique aucune adhésion à une quelconque création surnaturelle de l'Univers.[10] À ce sujet, selon André Deprit, un des plus proches disciples de Georges Lemaître et qui fut aussi mon professeur de mécanique céleste, il ne fait pas de doute que c'est l'intervention du savant qui fut à l'origine du changement dans la façon de raisonner du pape. D'ailleurs, dans ses publications, Georges Lemaître a toujours tenu à situer clairement sa position. Prise de position qui n'est nullement contradictoire avec celle d'Ilya Prigogine lorsqu'il se demande si tout ce qui tourne autour du *big bang* n'est pas *le meilleur indice du fait que la physique a dépassé la frontière des sciences positives pour accéder aux sciences métaphysiques ou religieuses.*[11]

Le rapport science/foi que préconise Georges Lemaître est celui que défend aussi le philosophe et paléontologue Pierre Teilhard de Chardin pour qui il y a une façon purement phénoménale de parler de l'évolution de l'Homme qui n'entre pas en interférence avec la théologie. Et cela exactement de la même façon que pour Georges Lemaître il y a une façon tout à fait scientifique et naturelle de parler du commencement de l'Univers qui n'implique aucune prise de position vis-à-vis de la création entendue théologiquement. Il semble d'ailleurs que le paléontologue ait été au courant des travaux du cosmologiste, comme en témoigne ce passage : *Personne ne songe à reprocher au chanoine Lemaître de nous parler d'un univers en expansion (spatiale). Personnellement je ne fais pas autre chose que de proposer la perspective (complémentaire) d'un univers qui s'enroule (organiquement c'est-à-dire physico-chimiquement et psychiquement) sur lui-même. Pas plus de philosophie ou de théologie ici que là.*[12]

Si par son intervention à l'occasion du discours de Pie XII, Georges Lemaître avait pour but de sauver la science

---

[10] G. Lemaître, *Univers et atome*, p. 35, conférence inédite prononcée le 23 juin 1963 à Namur et dont le manuscrit est conservé à la bibliothèque Moretus-Plantin des Facultés Universitaires Notre Dame de la Paix.

[11] I. Prigogine, *La fin des certitudes*, p. 202, Odile Jacob, Coll. Sciences, Paris, 1996.

[12] Cité par : D. Lambert, *Un atome d'univers. La vie et l'œuvre de Georges Lemaître, le Père du big bang*, Lessius/Racine, Bruxelles, 2000.

de la maîtrise de la religion, il ne cessera cependant de rappeler aux scientifiques qu'il ne faut pas mélanger les genres et que l'Être suprême ne pourra jamais être *réduit au rang d'hypothèse scientifique*. Ainsi – et toujours selon Georges Lemaître –, si un résultat scientifique ne peut jamais être utilisé pour étayer une *preuve* de l'existence de Dieu, de façon duale, aucun résultat scientifique ne peut non plus servir à démontrer une création sans Dieu. Il faut également respecter et maintenir l'autonomie de la foi. Toute forme d'interaction déplacée entre religion et science – par exemple la recherche d'une vérité unifiée et close – serait source de confusion en même temps qu'obstacle au respect que se doivent deux approches différentes du réel. Georges Lemaître est ainsi l'exemple du scientifique croyant qui reconnaît la nécessité de tenir science et foi à distance.

Ce prêtre cosmologiste précise sa position en utilisant l'image des *deux chemins vers la vérité*. Le premier chemin conduit à la vérité relative à l'univers physique et le second concerne la vérité issue de l'expérience spirituelle. Pour Georges Lemaître, ces chemins sont tous deux respectables, mais ils ne doivent pas interférer.

Ces deux chemins sont précisément ceux qui s'expriment dans la double dimension humaine de la raison et de l'intuition, de la réalité et de la personnalité. Se refusant à tout dogmatisme et reconnaissant la spécificité de la science comme celle de la religion, Georges Lemaître refuse de voir assujettie à un domaine de la connaissance plutôt qu'à un autre, une réalité unique mais indescriptible et inatteignable et qui dépasse sans doute infiniment les discours qui prétendent l'enfermer. Cette attitude qui tout à la fois reconnaît la différence entre les deux chemins et l'intérêt de chacun d'eux permet de rencontrer le point de vue de l'autre, d'accepter ses propres contradictions, de se remettre en question. Se situant sur la voie de l'éthique et de l'humanisme, elle permet de se garder des intégrismes, des intolérances et des fanatismes. Selon Georges Lemaître, séparer n'est cependant pas tout, et séparation ne peut signifier ignorance mutuelle.

J'ai peu connu Monseigneur Lemaître. Nous nous sommes juste croisés au détour d'auditoires où nous assistions à certaines conférences. Par contre j'ai fort bien connu certains membres de sa famille. Entre autres sa nièce, Aline Lemaître, dont il avait célébré le mariage. Concernant son oncle, elle rappelait que lorsque dans le cadre d'une réunion de famille, on lui posait des questions à propos de sa foi, de ses recherches, et du rapport qu'il y avait entre elles, il avait coutume de s'exclamer : *Oui, mais de quoi parle-t-on ? De science ou de foi ? Il ne faut pas mélanger les deux.*

Il ne faut malgré tout pas oublier que tout en n'adhérant pas à la nécessité d'un créateur-cause – au sens de saint Thomas – il n'en estimait pas moins que le monde tel que nous le connaissons requérait l'existence d'un Être qui le suscite. Un Être qui, pour lui, était un Dieu personnel. Mais ceci n'a plus rien à voir avec la science. Pour Georges Lemaître, ce n'est donc pas en résolvant des équations que l'on avancera vers la connaissance de Dieu. Quant au discours religieux, sous peine de très vite devenir d'une incroyable naïveté, il devrait être le reflet d'une intense vie intérieure.

Dominique Lambert, auteur d'une remarquable biographie de Georges Lemaître, rappelle à ce propos que l'unité du discours scientifique et du discours religieux se réalisait chez le savant *lorsqu'il offrait dans la longue méditation qui suivait sa Messe, à Saint Paul à Cambridge, à Saint Pierre à Louvain ou à Saint Henri à Bruxelles, ses activités quotidiennes qui n'avaient absolument rien de théologique.*[13]

[13] D. Lambert, *Un atome d'Univers. La vie et l'œuvre de Georges Lemaître*, p. 169, Lessius/Racine, Bruxelles, 2000.

Bien que je sois aujourd'hui un vieux bonhomme, je suis toujours d'attaque pour travailler et je ne crois toujours pas que Dieu joue aux dés. Avec le problème des constantes universelles, vous avez soulevé l'une des questions les plus intéressantes qui soient. Il y a deux sortes de constantes : les constantes apparentes et les constantes véritables. Les constantes apparentes proviennent simplement de l'introduction d'unités arbitraires, mais on peut les éliminer. Les vraies constantes sont de véritables nombres que Dieu a, pour ainsi dire, bien voulu choisir lorsqu'il a créé le monde.

Albert Einstein

8
Constantes physiques, principe anthropique

Constantes fondamentales de la Nature

Pour décrire la physique de l'Univers, nos connaissances actuelles nous apprennent qu'il faut connaître les valeurs numériques d'environ une quinzaine de paramètres appelés *constantes fondamentales de la Nature.* Il s'agit de constantes physiques dont les valeurs ne sont connues que par l'expérience.

Il y a tout d'abord la constante de gravitation qui nous permet de calculer, aussi bien les trajectoires des objets que nous lançons sur Terre que les mouvements des astres dans le ciel. Généralement notée G, cette constante apparaît dans la loi universelle de gravitation d'Isaac Newton qui énonce que deux corps s'attirent avec une force F proportionnelle à leurs masses, notées m_1 et m_2, et inversément proportionnelle au carré de leur distance r.[1]

Il y a ensuite la vitesse de la lumière, notée c pour *célérité*, qui définit une limite supérieure de la vitesse. Sa valeur a été fixée à 299 792 458 mètres par seconde.

[1] Soit encore : $F = G\frac{m_1 m_2}{r^2}$. La constante G qui vaut : 6,67428 $\times 10^{-11}$ $m^3 kg^{-1} s^{-2}$ (mètre au cube par kilo et par seconde au carré), apparaît également dans les lois de Kepler ainsi que dans la théorie de la relativité générale d'Albert Einstein.

Puis vient la constante de Planck qui dicte la taille des atomes et indique une limite à notre connaissance.[2] Cette constante intervient par exemple dans le principe d'incertitude de Heisenberg qui présente une limitation à la précision à laquelle on peut calculer simultanément la vitesse et la position d'une particule. Ce principe énonce que le produit de la position d'un objet et de sa quantité de mouvement, qui est le produit de sa vitesse et de sa masse, est toujours supérieur à la constante de Planck.

Ensuite viennent les nombres qui caractérisent les masses de ces particules élémentaires que sont l'électron et le proton. Nous avons encore besoin des valeurs numériques qui caractérisent l'intensité des forces nucléaires forte et faible, la charge électrique de l'électron, ainsi que quelques autres données fondamentales de la Nature.

Chacun de ces nombres nous est donné une fois pour toutes, dans le sens où ils ne varient ni dans le temps, ni dans l'espace. Nos descendants lointains mesureront toujours les mêmes valeurs pour ces paramètres et si des êtres pensants habitant l'autre bout de l'Univers prenaient la peine d'évaluer ces mêmes paramètres, ils trouveraient exactement les mêmes valeurs que nous. Or il se fait que, en plus d'être inflexibles, ces paramètres ont dû être adaptés avec une extrême précision sous peine d'engendrer un univers entièrement stérile. Modifier, même de façon infime, ne fût-ce qu'une seule de leurs valeurs, supprimerait toute chance de vie dans notre Univers.

Devant la stupéfiante exigence des conditions initiales pour que notre Univers ne reste pas stérile, différentes opinions se sont manifestées. Parmi les scientifiques, certains n'y ont vu que le fruit du hasard, tandis que d'autres pariaient sur un principe créateur, voire même sur un dessein intelligent. Le principe anthropique va encore davantage attiser les discussions.

[2]Le symbole correspondant à la constante de Planck est la lettre h et sa valeur est de 6,626068 × $10^{-34} m^2 kg s^{-1}$ (mètre au carré fois kilo par seconde).

Le principe anthropique

La constatation que l'Univers, dans sa totalité, peut être considéré comme porteur de vie, ainsi que l'extraordinaire nombre de conditions qui ont dû être remplies pour que la vie puisse d'abord naître, et ensuite se développer, ont conduit à l'énoncé, par l'astronome britannique Brandon Carter en 1974, du *principe anthropique.* Ce principe s'énonce : *L'Univers se trouve avoir, très exactement, les propriétés requises pour engendrer un être capable de conscience et d'intelligence.*
L'astrophysicien et vulgarisateur scientifique Hubert Reeves a proposé une variante de ce principe, appelé *principe de complexité.* Selon ce principe : *L'Univers possède, depuis les temps les plus reculés accessibles à notre exploration, les propriétés requises pour amener la matière à gravir les échelons de complexité.*

Ces deux principes s'appuient sur la constatation que, parmi les milliards d'univers qui auraient pu naître en faisant varier les constantes fondamentales sur lesquelles le nôtre est bâti, seul un univers dont les constantes seraient exactement celles du nôtre posséderait les propriétés requises pour que la vie puisse y éclore. Le principe anthropique a donné – et donne toujours – lieu à d'âpres discussions. Il s'agit tout d'abord de discussions intra scientifiques. D'une part, il y a ceux qui pensent que les grandes lois de la Nature sont déterminées par des relations mathématiques qui, par le simple jeu du hasard, ont conduit à la vie. D'autre part, il y a ceux qui pensent que les lois de la physique ont été déterminées en perspective d'une vie consciente.

En sus de ce type de controverse se greffe une controverse scientifico-religieuse C'est ainsi que le cosmologiste et astronome britannique Fred Hoyle qui, il faut le souligner, n'a aucune accointance chrétienne, explique que tout se passe comme si une intelligence supérieure s'était essayée à la physique, la chimie et la biologie.[3]

[3]Fred Hoyle fut pendant longtemps un adepte de la théorie de l'Univers stationnaire. Il fut d'ailleurs le créateur de l'expression *big bang,* destinée à tourner en dérision un concept auquel il finit pourtant par se rallier.

Quant à l'astronome George Greenstein, il affirme : *À l'examen de ces faits, on ne peut s'empêcher de penser qu'une organisation surnaturelle, ou plutôt l'Organisation, doit être impliquée. Est-il possible que soudainement, sans l'avoir voulu, nous soyons tombés sur la preuve scientifique de l'existence d'un être surnaturel ? Est-ce Dieu qui est intervenu pour créer de façon si providentielle le cosmos à notre mesure ?*[4]

En ce qui concerne la controverse scientifico-religieuse, à savoir si, oui ou non, l'existence de Dieu pourrait être établie grâce au principe anthropique, il s'agit d'être très clair : ce que Georges Lemaître a dit à propos du *big bang* doit être transposé au principe anthropique, à savoir : *Une telle théorie* [ou un tel principe] *reste entièrement en dehors de toute question métaphysique ou religieuse. Elle laisse le matérialiste libre de nier tout être transcendant (...). Pour le croyant, elle exclut toute tentative de familiarité avec Dieu.*

Donc lorsque, à propos des constantes fondamentales de la Nature, ou du principe anthropique de Brandon Carter, ou du principe de complexité de Hubert Reeves, des scientifiques utilisent les mots *hasard*, ou *principe créateur*, ou encore *dessein intelligent*, il faut situer ces mots au sein de la communauté scientifique et de la réalité empirique. Et dans tous les cas ne pas y chercher la preuve de l'existence d'un être divin. Ce qui n'empêche cependant personne de placer ces principes sous le signe du *je crois que...*, ou du *je pense que...* En d'autres termes, si rien dans ce qui est scientifique ne discrédite la possibilité qu'un Être situé au delà de tout concept humain possible ait pu créer l'Univers dans un but connu de lui seul, rien (toujours dans ce qui est scientifique) ne l'accrédite non plus. Nous entrons là dans le domaine des croyances, des intuitions raisonnées, ce qui est différent. Et éminemment personnel ! Il reste que les questions du hasard, du déterminisme, du principe créateur, voire du dessein intelligent, méritent d'être explorées, même dans la perspective scientifique.

[4]Cité par Leonard Susskind : *Le paysage cosmique. Notre univers en cacherait-il des millions d'autres ?*, p. 18, Robert Laffont, Paris, 2006.

Historiquement, le principe anthropique a reçu de la communauté scientifique à peu près le même accueil que, en son temps, le *big bang*. Longtemps paru suspect, entre autres par Albert Einstein qui se méfiait de l'intrusion de la religion dans un domaine qui ne la concernait aucunement, le *big bang* ne pose actuellement plus aucun problème aux scientifiques, quelle que soit leur conviction philosophique. La même aventure est advenue au principe anthropique, longtemps contesté, jusqu'à ce que pratiquement tous les scientifiques finissent par s'y rallier.

Une évolution intéressante est celle du physicien Stephen Weinberg, prix Nobel de physique et connu pour son athéisme militant. Longtemps adversaire farouche du principe anthropique, il s'y est finalement rallié suite à ses propres recherches sur la constante cosmologique d'Albert Einstein. Un moment donné, il a eu le courage d'émettre une opinion qui non seulement allait à l'encontre de celles de la plupart des ses collègues scientifiques, mais qui en plus heurtait ses propres convictions. Ses écrits avaient tous témoigné jusque là de son aversion personnelle pour le principe anthropique qui ouvrait trop facilement la porte au *dessein intelligent* qui, dans la société américaine, est fort proche du créationnisme.

De fait, c'est une revisitation de la constante cosmologique d'Albert Einstein qui a mis Stephen Weinberg sur la voie d'une explication scientifique du principe anthropique qui prend la forme d'un darwinisme cosmologique.[5] Depuis lors, bon nombre de cosmologistes sont non seulement ouverts à ce principe, mais n'hésitent pas à le défendre. Un peu de la même façon que plus aucun scientifique ne songerait à remettre sérieusement en question le *big bang*. Point de vue qui ne discrédite en rien la possibilité qu'un Être intelligent ait pu créer l'Univers dans un but qui est inconnaissable à l'humain.

---

[5]L. Susskind, *Le paysage cosmique. Notre univers en cacherait-il des millions d'autres ?*, p. 92-102, Robert Laffont, Paris, 2006.

Hasard et déterminisme

En ce qui concerne le thème du hasard, je citerais d'abord pour mémoire Jacques Monod. Ce savant, en existentialiste fier de son désespoir, souhaite, en plus de diffuser les résultats de sa recherche, mettre l'accent sur l'isolement et l'absurdité du monde qui, selon lui, découlaient naturellement de ses observations sur le monde vivant. C'est ainsi que dans son ouvrage mythique : *Le Hasard et la Nécessité*, il se sent dans l'obligation morale de conclure sa vision de l'absurdité de l'existence humaine par une profession de foi certes non dénuée de grandeur et de dignité : *L'ancienne alliance est rompue ; l'homme sait enfin qu'il est seul dans l'immensité indifférente de l'Univers, d'où il a émergé par hasard. Non plus que son destin, son devoir n'est écrit nulle part. À lui de choisir entre le Royaume et les ténèbres.*[6]

La vision de Monod d'un Univers dépourvu de sens a reçu l'appui de nombreux scientiques. Parmi eux, la figure de proue d'un certain athéisme militant est incontestablement le physicien et théoricien américain, prix Nobel de physique, Stephen Weinberg. Dans les années 1970, il concluait déjà son premier livre de vulgarisation, celui qui lui a valu la notoriété auprès du grand public, par ces mots :[7] *Plus l'Univers nous semble compréhensible, et plus il semble absurde. Mais si les fruits de notre recherche ne nous apportent aucun soulagement, nous pouvons au moins trouver quelque consolation dans la recherche elle-même. Les hommes et les femmes ne se contentent pas de se rassurer avec des contes de dieux et de géants, ou de confiner leurs pensées dans les problèmes de la vie quotidienne ; ils construisent aussi des télescopes, des satellites et des accélérateurs, et restent assis des heures sans fin devant leurs bureaux à chercher la signification des données qu'ils ont assemblées. L'effort consenti pour comprendre l'Univers est l'une des rares choses qui élèvent la vie humaine au-dessus du niveau de la farce, et lui confèrent un peu de la dignité de la tragédie.*

---

[6] J. Monod, *Le Hasard et la Nécessité*, p. 194, Seuil, Paris, 1970.

[7] S. Weinberg, *Les trois premières minutes de l'univers*, p. 179, Seuil, Paris, 1978.

Quelque vingt années plus tard, il professait toujours le même athéisme philosophique. Comme en témoignent ces lignes de son ouvrage *Le rêve d'une théorie ultime*: *Trouverons-nous Dieu dans les lois ultimes de la Nature ? Il paraît presque absurde de poser cette question, non seulement parce que nous ne connaissons pas ces lois, mais davantage encore parce qu'il est difficile d'imaginer que nous serons en possession de principes ultimes n'ayant pas besoin d'être expliqués par d'autres plus profonds. Mais aussi prématurée que puisse être cette interrogation, il est difficile de ne pas se demander si nous trouverons une réponse à nos questions les plus profondes, un signe quelconque d'un Dieu intéressé, dans une théorie ultime. Je pense que non. Toute notre expérience, tout au long de l'histoire de la science, a tendu dans la direction opposée, vers la glaciale impersonnalité des lois de la Nature.*[8]

Les tenants du hasard pur avancent encore une autre hypothèse pour expliquer l'extraordinaire précision des valeurs des constantes fondamentales. Notre Univers serait placé au sein d'un gigantesque *Mégavers*, encore appelé *Multivers*, constitué de milliards d'Univers, dont le nôtre. C'est alors par le simple jeu du hasard que notre Univers possèderait les valeurs qui ont permis à la vie d'émerger. L'idée fondamentale de cette hypothèse est donc que les mécanismes qui reposent sur des principes physiques éprouvés engendrent un nombre gigantesque, voire infini d'univers-bulles, où toutes les possibilités de paysages cosmiques sont envisageables. Certains de ces paysages se réalisent, d'autres pas. Le problème vient de ce que la vision de tous ces Univers parallèles repose sur la réalité de régions de l'espace et du temps qui, apparemment, sont inaccessibles à toute observation concevable. Ce qui fait que la vision globale de cet océan d'univers-bulles relèverait davantage de la métaphysique, voire de la science fiction, que de la physique.[9]

[8] S. Weinberg, *Le rêve d'une théorie ultime*, p. 218, Odile Jacob, Paris, 1997.

[9] L. Susskind, *Le paysage cosmique. Notre univers en cacherait-il des millions d'autres ?*, p. 354, Robert Laffont, Paris, 2006.

Et Dieu dans tout cela ?

En résumé, à la question de Leibniz *pourquoi y a-t-il quelque chose plutôt que rien ?*, les êtres humains ont envisagé trois modèles. Le premier est le Dieu personnel des Juifs, des Chrétiens et des Musulmans. Il y a ensuite le deuxième modèle, celui du Tao, principe universel, principe créateur, grand architecte de l'Univers. Il y a enfin le modèle du pur hasard. Modèle auquel même les scientifiques accordent de moins en moins de crédit.

Entre les premier et deuxième modèles, toutes les nuances sont autorisées. Allant d'un Dieu qui est père à un Dieu inconnaissable dont on ne peut même pas parler, ou à un Dieu plus que cosmique, dont les grandes lois de la Nature – et les constantes qui y sont associées – sont, d'une façon sans doute indéchiffrables, des reflets – ou des traces. Depuis Spinoza et Einstein bien des scientifiques contemporains s'inscrivent dans ce dernier schéma qui implique une quête consécutive au refus du mystère. Mais aussi quête du *souverain bien* défini par Spinoza comme étant *l'union de l'âme pensante avec la Nature entière.*[10] Quête assurément saine qui doit être poursuivie sans relâche et sans s'attarder sur le fait qu'elle est probablement inépuisable parce que nous n'aurons jamais la clé d'un mystère dont l'ampleur dépasse notre entendement. C'est d'ailleurs là une position qui n'est pas incompatible avec celle des religieux ouverts à d'autres cultures, mais qui est incompatible avec celle de tous ceux – scientifiques ou religieux – qui pensent posséder la clé donnant accès à la connaissance de l'explication de tout ce qui est.

Si le modèle du Dieu personnel apparaît, pour une majorité de nos contemporains, de moins en moins crédible, c'est parce qu'il est bien souvent présenté sous une forme anthropomorphique, voire simpliste et enfantine. Raison pour laquelle la science, la philosophie, mais aussi le simple bon sens, nous orientent vers un principe universel plutôt que

[10] B. Spinoza, *Traité de la réforme de l'entendement*, Garnier-Flammarion, 1964, cité par B. d'Espagnat, *Traité de physique et de philosophie*, p. 509, Fayard, Paris, 2002.

vers un Dieu à l'écoute de l'Homme. Et, au vu de l'expérience quotidienne, on ne peut, bien souvent, que donner raison à ceux et à celles qui souscrivent à cette vue des choses. À moins que... Oui, à moins que, comme le fait remarquer d'Espagnat : *On ne voit pas sur quelles bases sérieuses pourrait être réfutée l'hypothèse selon laquelle les subtils messages que nous recevons de nos émotions sont moins superficiels que la plupart des esprits "positifs" des trois derniers siècles ne l'on pensé.*[11]

Ce qui fait qu'en définitive ne devrait pas trop vite être écarté un Dieu dont la nature pourrait avoir quelque rapport avec une personne, ou avec plus qu'une personne, et qui pourrait bien être la source de nos inspirations (ou aspirations) artistiques, amoureuses, contemplatives ou mystiques, voire même scientifiques. Un Dieu qui est peut-être père, mais pas comme nous entendons être père. Un Dieu qui pourrait être perçu, à certains moments de notre existence, dans la fulgurance de l'évidence. Je pense au chemin de Damas de l'apôtre Paul, à la nuit de feu de Blaise Pascal, à la conversion de Paul Claudel. Plus généralement à tous les appels de l'Être dont il sera question dans la seconde partie. Toutes choses, reflets de la réalité en soi, ou de la divinité, compatibles avec notre savoir scientifique et qui comblent cette quête d'infini et d'éternité qui caractérise chaque être humain. Ce qui fait qu'en définitive, n'auraient pas tout à fait torts les croyants qui, par la relation de père à fils, *entendent un certain rapport, privilégié et indicible, de l'Homme à l'Être.*[12] Jésus de Nazareth a-t-il dit autre chose ?

---

[11]B. d'Espagnat, *Traité de physique et de philosophie*, p. 491-492, Fayard, Paris, 2002.

[12]B. d'Espagnat, *Un atome de sagesse. Propos d'un physicien sur le réel voilé...*, p. 168, Seuil, Paris, 1982.

Je crois que nous sommes seulement au début de l'aventure de la science. Nous assistons à l'émergence d'une science qui n'est plus limitée à des situations simplifiées, idéalisées, mais nous met en face de la complexité du monde réel, une science qui permet à la créativité humaine de se vivre comme l'expression singulière d'un trait fondamental commun à tous les niveaux de la Nature.

Ilya Prigogine

9
Prigogine : nouvelle alliance

En ce qui concerne le rôle dévolu au hasard, la position d'Ilya Prigogine est prudente. Et partant nuancée. Pour ce savant, le hasard pur est tout autant une négation de la réalité que le déterminisme absolu. Ce qui le conduit à envisager une voie étroite, entre deux conceptions : celle d'un monde régi par des lois aveugles, et celle d'un monde où seul le hasard règnerait en maître : *Ce qui émerge aujourd'hui est une description médiane, située entre deux représentations aliénantes, celle d'un monde déterministe et celle d'un monde soumis au seul hasard. Les lois ne gouvernent pas le monde, mais celui-ci n'est pas non plus régi par le hasard.*[1]

Contrairement à Jacques Monod, Ilya Prigogine, qui se définissait comme un *agnostique non belliqueux*, professait une vision optimiste de la vie. Et cet optimisme semble être allé de pair, chez le savant, avec la mise en évidence d'une *nouvelle alliance* entre l'Homme et la Nature. Alliance indissociablement liée avec l'émergence, en sciences, d'un *temps orienté*. Remontons le cours de ce temps orienté et faisons un peu l'histoire du temps en sciences. Et plus particulièrement du temps orienté.

---

[1]I. Prigogine, *La fin des certitudes*, p. 224, Odile Jacob, Paris, 1996.

La mécanique newtonienne et la relativité d'Einstein impliquent le déterminisme et le temps réversible. Dans les équations, les rôles du passé et du futur sont interchangeables : nous pouvons tout aussi bien nous diriger du passé vers le futur que du futur vers le passé. Si la mécanique quantique a permis de nous libérer du déterminisme, son temps restait cependant toujours orienté, et donc réversible.

Jusque dans les années 1970-1980, la situation était donc la suivante. Soit on maintenait l'alliance entre mathématiques et lois de la Nature et on conservait la haute fiabilité de la rationalité. Mais alors la réalité était forcément à temps réversible. Soit on rendait mieux compte de la réalité sentie – et de la réalité des philosophes – en adoptant le non-déterminisme *et* l'irréversibilité du temps. Mais dans ce cas-là on rompait l'alliance entre mathématiques et lois de la Nature. Enraciner l'indéterminisme et l'asymétrie du temps dans les lois de la physique et leur donner une assise mathématique rigoureuse a été la réponse donnée à ce défi par Ilya Prigogine à la fin du vingtième siècle.

La propriété sans doute la plus fondamentale du temps ressenti est son *orientation*. Ceci signifie que le temps possède une *direction* : il vient du passé et se dirige vers l'avenir. C'est la raison pour laquelle on a souvent comparé le temps à un fleuve dont nous savons que le cours est également orienté : l'eau vient de l'amont (de la source) et s'écoule vers l'aval (vers l'estuaire), et non l'inverse. Dans des conditions normales, il n'y a pas de retour possible de l'eau vers sa source, comme il n'y a pas de retour possible du temps vers le passé.

L'idée de temps orienté est en général associée à Henri Bergson. Ce penseur français a beaucoup insisté sur l'importance du temps. Il présente l'irréversibilité du temps dans son œuvre *L'Évolution créatrice*. Le temps y est décrit comme un *temps orienté*. Or, à l'époque de Bergson, la physique était dominée par les idées d'Albert Einstein qui ne voulait en aucune façon entendre parler d'une orientation pour le temps. C'est pourquoi, puisqu'il n'y avait rien qui lui permît d'envisager un temps orienté dans la discipline de la physique, Henri Bergson s'est tourné vers la métaphysique. Dans les années qui suivirent la fin de la première guerre mondiale, les conceptions physique et philosophique du temps s'affrontèrent à l'occasion de rencontres qui eurent lieu entre les principaux protagonistes. Ce fut en 1922, et à l'occasion d'une série de conférences données au Collège de France et à la Sorbonne, qu'Einstein rencontra Bergson. Le physicien y rappela au philosophe que le temps de la physique était une notion absolue, indépendante de toute conscience, et que ce temps était celui qui gouvernait l'Univers. Si Einstein reconnaissait bien au *temps ressenti* de Bergson un certain intérêt, il lui rappela également que ce temps-là n'était pas évaluable, et que donc non seulement il n'avait pas d'intérêt pour les sciences, mais qu'en plus il ne participait pas à la vie de l'Univers. La conclusion du scientifique était sans appel : il n'y a pas de temps métaphysique, le seul temps qui existe est le temps non orienté de la physique.

Or il se fait que, depuis 1970, nous savons qu'Einstein s'est trompé : le temps des physiciens et des cosmologistes est, lui également, bel et bien orienté. C'est à Ilya Prigogine que revint le mérite d'avoir réhabilité le temps orienté d'Henri Bergson, mais en s'appuyant cette fois-ci, non plus sur des données de la métaphysique, mais sur les lois de la physique. L'œuvre d'Ilya Prigogine réintroduit donc d'une certaine façon la flèche du temps, non pas à partir du senti ou du perçu, mais à partir de la rigueur des résultats des sciences exactes. En d'autres termes, ce qu'Ilya Prigogine démontra, c'est que scientifiquement Albert Einstein avait eu tort de vouloir à tout prix conserver un temps non orienté, et que le vrai temps de la physique était celui que le philosophe Henri Bergson avait mis en avant dans un contexte purement métaphysique. La conclusion est qu'il n'y a pas de temps du physicien distinct du temps du philosophe, et que le temps unique de l'Univers, du monde, de la vie et des hommes est un temps orienté. Conclusion qui a permis à Prigogine de créer une sorte de bergsonisme scientifique et de témoigner d'une forme d'humanisme cosmique et universel.

Et cette vision des choses n'est pas étrangère à sa philosophie de vie comme en témoigne son entretien avec Edmond Blattchen dans le contexte de l'émission *Noms de Dieu* :

Si vous acceptez que les lois fondamentales de la Nature sont réversibles et déterministes, alors certainement la vie, l'homme, restent en dehors. Tandis que si vous pensez que le Temps, la direction du Temps, est ce qui rend notre Univers cohérent parce qu'un rocher vieillit, une planète vieillit, nous vieillissons, vous vieillissez, je vieillis – et nous vieillissons tous dans la même direction, – alors la flèche du Temps est la propriété commune à tout ce qui est dans l'Univers. Sans cela, il y a la scission, si poignante chez Jacques Monod, qui, d'ailleurs, n'a pas compris l'importance que Teilhard de Chardin et Bergson attachaient à la durée.[2]

Pour Ilya Prigogine, l'idée de présenter l'histoire de l'Univers comme une trajectoire où tout découlerait de conditions initiales définies avec précision, est une simplification extrême, voire tout simplement une erreur. Pour réconcilier les visions conflictuelles de la Nature résultant de la confrontation entre, d'une part, les lois fondamentales de la physique newtonienne et, d'autre part, le non-déterminisme naturel – la Nature ne fonctionne pas comme une mécanique que l'on a remontée une fois pour toutes – et l'irréversibilité du temps, il faut exiger que les équations du mouvement aient une forme statistique et ne soient pas invariantes lors d'une inversion temporelle. Ceci postule que le monde n'est pas doté d'une seule condition initiale, mais d'un ensemble de conditions initiales. Nouvelle vision des débuts et de l'évolution de l'Univers qui est supposée ouvrir la voie au temps orienté. Ilya Prigogine et ses collaborateurs ont travaillé à la solution de ce problème qui postule un raffinement mathématique considérable. Ces nouvelles mathématiques sont basées sur l'idée qu'il existe une relation entre l'asymétrie temporelle et un problème à la base de la mécanique quantique, le problème lié au fait même d'observer. Dans l'approche de Prigogine, la direction du temps est commune à l'appareil de mesure et à l'expérimentateur, avec comme conséquence qu'il n'est plus nécessaire d'introduire une référence à la mesure dans l'interprétation du formalisme.

[2] I. Prigogine, *De l'être au devenir*, p. 52-53, Intégrale des entretiens *Noms de Dieux* d'Edmond Blattchen, Alice Éditions, Bruxelles et RTBF Liège, 1998.

Une fois de plus se vérifiait cette constatation qui veut que les lois de la Nature s'écrivent en priorité dans la langue des mathématiques. Les développements de la physique théorique et des mathématiques vont de pair dans les théories physiques modernes comme la relativité, la mécanique quantique, la dynamique des processus irréversibles, comme ils allaient déjà de pair dans les mécaniques classiques de Newton, Leibniz et Euler. Ainsi, l'application des techniques mathématiques a conduit Prigogine au résultat escompté : la condition nécessaire pour notre communication avec le monde physique, comme pour notre communication entre nous, à savoir une flèche du temps commune et une définition commune de la distinction entre passé et futur, est établie sur base d'une théorie formelle.[3]

Mentionnons enfin pour être complet qu'une première ouverture vers l'irréversibilité du temps avait été faite par Clausius lorsqu'il introduisit en 1865 le second principe de la thermodynamique. Ce principe, bien connu des ingénieurs et des physiciens, rend compte du fait que certains processus sont irréversibles. Clausius l'énonça tout d'abord de la façon suivante : *La chaleur ne passe pas spontanément du froid vers le chaud.* Si la chaleur pouvait passer spontanément d'un corps froid à un corps chaud, alors, en été, une flaque d'eau pourrait céder sa chaleur à l'atmosphère et se transformer en glace. Les choses se passent toujours en sens inverse. C'est la glace qui, emmagasinant la chaleur de l'atmosphère, se transforme en eau. Ce phénomène est universel.

Il s'agit d'une loi universelle de la Nature signifiant que celle-ci évoluait toujours vers un plus grand désordre. Dans cet énoncé, le mot *désordre* n'a pas exactement le sens qu'on lui attribue dans la vie courante. On doit plutôt l'associer à une *uniformité.* Ainsi, si au départ le lait et le café dans une tasse sont entièrement séparés, au bout d'un certain temps, il y a répartition – ou diffusion – uniforme de toutes les molécules de lait dans le café. Le mélange est devenu uniforme. Le désordre est maximum.

[3]I. Prigogine, *La fin des certitudes*, p. 62-63, Odile Jacob, Paris, 1996.

Pour mesurer ce désordre, Clausius introduisit la notion d'entropie. Elle permet de formuler le second principe de la façon suivante :
L'entropie de l'Univers ne décroît jamais. L'évolution d'un système isolé se fait toujours dans le sens où son entropie augmente, et s'arrête quand l'entropie est maximale.[4]

Le second principe rend donc compte du fait que certaines évolutions peuvent avoir lieu dans un sens et pas dans l'autre. Actuellement les deux principes de la thermodynamique s'énoncent en général comme suit :
1. *L'énergie de l'Univers est constante.*
2. *L'entropie de l'Univers croît vers un maximum.*

Contrairement à l'énergie de l'Univers qui se conserve, son entropie permet de différencier le passé du futur : le futur est caractérisé par un accroissement de l'entropie. Ou encore, la croissance de l'entropie d'un système indique la direction du futur. Le passé et le futur qui, dans les équations déterministes d'Isaac Newton, mais également dans les équations relativistes d'Albert Einstein, étaient interchangeables, peuvent maintenant être distingués.[5]

Constatant que le pari sur le hasard, que font Jacques Monod et Stephen Weinberg, conduit à une conception stérile de la science, Ilya Prigogine parie sur l'autre alternative évoquée par Jacques Monod : la nécessité. Nécessité à laquelle on peut donner un nom : celui de *principe créateur.* Principe créateur qui se manifeste dans les constantes fondamentales de la Nature, dans les grandes lois de l'Univers, dans son harmonie, sa beauté et son unité. C'est un principe panthéiste *à la Spinoza* ou *à la Einstein* qui n'a rien à voir avec le *dessein intelligent* qui, trop souvent, est identifié au créationnisme.

On peut comprendre la méfiance des scientifiques à l'égard du terme *dessein intelligent* lorsque l'on sait ce que cette locution recouvre aux États-Unis. Les tenants du *dessein* y

---

[4] C. Calle, *Supercordes et autres ficelles. Voyage au cœur de la physique*, p. 212-217, Dunod, Paris, 2004 ; voir également : A. Houberechts, *Thermodynamique technique*, Uystpruyst, Paris et Louvain, 1962.

[5] I. Prigogine et I. Stengers, *La Nouvelle Alliance*, Gallimard, Paris, 1979 ; I. Prigogine, *La fin des certitudes*, p. 31-32, Odile Jacob, Paris, 1996.

soutiennent en effet que seule l'hypothèse d'un concepteur intelligent peut rendre compte, au niveau scientifique!, du plan de l'évolution et de l'émergence de l'Homme.[6] Selon cette vue des choses, l'Univers, *exactement façonné pour que l'Homme y apparaisse*, porterait la signature de Dieu! Faut-il rappeler ce que Georges Lemaître disait du *big bang* lorsqu'il récusait tout recours à une explication divine? Il n'y a aucune raison de penser que son opinion aurait été différente pour le principe anthropique.

Pour conclure cette partie scientifique, je cite un texte de Paul Davies auquel Ilya Prigogine aimait se référer :

La mécanique quantique fournit les moyens de prédire avec succès le résultat d'observations effectuées sur des systèmes microscopiques. Mais, si nous nous posons la question de savoir ce qui se passe réellement lors d'une observation, nous arrivons à des conclusions absurdes. Les tentatives pour sortir de cette situation paradoxale sont nombreuses; certaines sont pour le moins bizarres, par exemple l'interprétation en termes d'univers multiples de Hugh Everett; d'autres, telles les théories de John von Neumann et d'Eugene Wigner, impliquent la concience de l'observateur et penchent du côté du mysticisme. Le débat sur l'observation quantique, vieux de plus d'un demi-siècle, n'a rien perdu de sa vigueur. Certes, les problèmes que posent la physique de l'infiniment petit et celle de l'infiniment grand sont colossaux; mais il n'est pas exclu que le véritable défi lancé par l'héritage de la Nouvelle Physique se situe précisément là, à l'interface entre l'esprit et la matière.[7]

[6]Voir, par exemple, l'article *Le front anti-évolution s'élargit*, de Jean-Marc Balhan et Benoît Bourgine, dans le numéro de février-mars 2009 de la revue *Louvain*.

[7]P. Davies, *La Nouvelle Physique*, Flammarion, Paris, 1994; cité par Ilya Prigogine, *Les lois du chaos*, p. 72, Flammarion, Paris, 1994.

Seconde partie : l'exégèse pour penser

Avec la rationalité il faut – c'est un impératif – aller aussi loin qu'avec son aide on peut aller. Comme elle ne conduit pas tout à fait jusqu'au but – qui est de connaître le réel – il faut se fier ensuite à des guides moins sûrs.
– Eh, lesquels donc ?
– Je ne le sais.
Toutefois il est prouvé que de justes associations de mots permettent parfois de faire entendre telle ou telle chose qu'il est difficile de faire comprendre par des raisonnements déductivement agencés. Alors : est-il tout à fait fou le rêve naïf des vieux poètes ? De telles associations de mots ne pourraient-elles pas au moins nous conduire à des questions vraies concernant le domaine qui de toute façon échappe à la rationalité, même appuyée sur l'empirisme ?

Bernard d'Espagnat

La Bible n'est-elle pas le Livre de la Parole par excellence ? N'est-ce pas à travers la Bible que l'Homme a recueilli et continue de recueillir la parole de Dieu, la parole des hommes et l'écho du dialogue qui relie ces deux paroles, dans l'Alliance ? Une phénoménologie de la Bible n'est-elle pas, dans son essence même, une phénoménologie de la parole ? (...) Or, le texte biblique et son exégèse midrashique sont grouillants du thème du silence. La lecture ou plutôt la relecture du texte biblique, saisi dans sa naïve spontanéité, s'est avérée être une lecture, non plus de la parole, mais du silence.

André Neher

1
André Neher : le silence de Dieu

Né à Obernai dans le Bas-Rhin en 1914 et décédé en 1988 à Jérusalem, André Neher fut d'abord professeur à l'Université de Strasbourg. Son activité en France le désigne, avec le philosophe Emmanuel Levinas, comme un des principaux artisans du judaïsme en Europe après la Shoah. C'est à la suite de sa période *française* qu'il décida de se fixer définitivement à Jérusalem peu après la guerre des Six jours. Traduite dans une dizaine de langues, son œuvre a acquis une audience universelle. Tous ses ouvrages s'articulent autour d'une recherche à la fois religieuse, théologique, anthropologique et sociologique liée à la vocation du Peuple choisi. Reconnu pour être un des plus grands penseurs du Judaïsme contemporain, ses commentaires du combat de Jacob avec l'Ange, du Livre de Job et ses notes sur Qohélét (l'Ecclésiaste) proposent une vision saisissante, une lecture nouvelle, de textes déjà maintes fois commentés et qui déjà avaient donné lieu à des commentaires, aussi nombreux que savants. Son épouse qui fut pendant quarante ans sa plus proche collaboratrice a, après son décès, entrepris de continuer son œuvre. Entre autres choses en procédant à la mise à jour de ses ouvrages en vue de leurs rééditions.

Le silence biblique

Presque par définition, oserais-je dire, la Bible est, par excellence, le livre de la Parole. Dieu crée par la Parole. Au commencement était le Verbe. Le premier chapitre de la Genèse, relayé en cela par le Prologue de l'Évangile de Jean, nous enseigne que c'est avec la Parole de Dieu, avec son *Logos*, que tout a commencé, que tout se poursuit, que tout s'organise. La Parole jaillit comme nouveauté à l'origine, ou, selon l'approche de l'Évangile de Jean, en *archê*, comme cause primitive et originelle. À des nuances près, représentants de la pensée juive et exégètes et philosophes chrétiens se retrouvent dans la lecture biblique qui veut que *au commencement était la Parole.*

Or il se fait que, pour l'homme moderne, la seule expérience qu'il fait de Dieu est celle de son silence. Que cet homme moderne soit monsieur tout le monde pour qui Dieu ne parle pas parce qu'il n'existe tout simplement pas ; ou des scientifiques qui découvrent en premier lieu la *glaciale impersonnalité des lois de la Nature* (S. Weinberg) et *l'immensité indifférente de l'Univers d'où l'Homme a émergé par hasard* (J. Monod) ; ou des philosophes (F. Nietzsche) et des théologiens (R. Rubinstein) qui voient d'abord dans le silence de Dieu le fait brut de son inexistence, ou de sa mort.

Il y aurait donc antinomie entre approches bibliques et approches scientifiques et philosophiques. Et c'est cette antinomie que, précisément, dans une analyse savante, André Neher s'efforce à réduire lorsqu'il découvre dans le Dieu biblique, non pas le Dieu de la Parole, mais celui du silence : *La parole n'est, dans la Bible, ni au début, ni à la fin, mais elle y est aux deux bouts, débordée par le silence puisque le silence est* au début *de la Bible, dans le pro-logue chaotique qui n'a jamais connu nulle parole, et dont les références existentielles sont la nuit et la mort, et puisque le silence est aussi* à la fin, *au-delà de la Bible, dans la zone d'extinction brusque du dialogue prophétique, zone dont la nuit nous recouvre maintenant encore. Ainsi immergée dans le silence par ses deux bouts, la Bible n'est-elle pas le document théologique* *le plus inquiétant qui fut jamais offert à la réflexion humaine ? Et la pensée juive serait-elle restée réfractaire à cette inquiétude ? Dans l'intervalle des deux silences-limites, les émergences bibliques du silence ne sont-elles pas les signes d'un thème théologique beaucoup plus troublant que ceux de l'*inertie *et de l'*énergie, *thèmes que les philosophes, depuis Nietzsche, désignent par la* mort de Dieu, *formule dans laquelle on reconnaîtra une métastase du* Dieu caché *dont Isaïe a sculpté la forme dans la Bible elle-même ?*[1]

L'analyse proposée par André Neher nous conduit ainsi au cœur d'une des questions les plus hardies soulevées par l'homme moderne : celle du *Silence de Dieu*. De ce Dieu qui ne formule pas la parole que l'on attend de lui : *Je suis celui qui suis* ; mais qui plutôt, semble dire (tout en ne le disant pas) : *Je suis celui qui ne suis pas*. D'où le questionnement angoissé de l'Homme :

*Mais lorsque la nuit et la mort ne sont pas éprouvées seulement comme des forces cosmiques autonomes ; lorsque derrière leur présence dans la Création, l'Homme perçoit un Créateur qui les habite ou plutôt les hante de Son Néant silencieux, alors leur approche n'est plus celle de l'injure, ni de l'hymne, mais elle se traduit par cette réaction brute devant le mystère qu'est l'*effroi. *Que peut être, en effet, un dieu caché dans la nuit ou dans la mort, et qui se sert de leur silence comme d'une arme défensive ou blessante, sinon un dieu terrifiant, un dieu exprimant par sa retraite opaque dans la nuit ou dans la mort, mieux qu'il ne le ferait à travers une parole diurne et vivante, son mépris des hommes et sa victoire sur leur insignifiance ?*[2]

Impossible pour André Neher de parler du silence biblique sans penser au silence d'Auschwitz.

Silence d'abord de la cité concentrationnaire, repliée sur elle-même, d'où toute communication avec le monde extérieur est coupée. Aussi bien pour les victimes que pour leurs bourreaux.

---

[1] A. Neher, *L'exil de la parole*, p. 148, Seuil, Paris, 1970.
[2] A. Neher, *L'exil de la parole*, p. 76-77.

Silence ensuite de ceux qui savaient, ou qui suspectaient, ou qui devinaient, mais qui ont choisi de se taire.

Silence enfin de Dieu, sourd et muet (mais pas aveugle) devant la souffrance de son peuple.

Et pourtant, de ces trois silences, naît, toujours selon André Neher, le signe de l'Espérance : *Mais pas de n'importe quelle espérance, de l'espérance juive, cueillie au cœur de l'échec, l'espérance de Jérémie qui, dans l'écroulement chaotique du monde, voit soudain surgir la Genèse, mais une Genèse qui ne serait pas au début, mais à la fin.*[3]

Telles sont, rapidement esquissées, les composantes majeures de ces trois silences. Silences sur lesquels Élie Wiesel a construit l'essentiel de son œuvre.

Si André Neher a proposé d'identifier Dieu au Silence, ce Silence, terrifiant par un de ses aspects, peut être apaisant par un autre. Ainsi, pour le philosophe chrétien Jean-Luc Marion, si Dieu ne se révèle pas dans une parole qui, comme toute parole, peut lier possessivement, c'est afin de manifester, dans la discrétion et la retenue, son éternelle fidélité. Retenue qui, loin d'affaiblir une relation, la renforce. Comme peut l'être la retenue de parents non possessifs.

Entre un Dieu inexistant, que semble nous suggérer l'état du monde, et un Dieu lointain et fragile vers qui l'intuition pourrait nous conduire, émerge une voie tracée par les philosophes croyants modernes, pour lesquels la *mort de Dieu* ne signifie pas sa non-existence, ou son désintéressement du monde, mais indique le visage moderne *de son insistante et éternelle fidélité* (J.-L. Marion). C'est alors précisément sa retenue, sa non-intervention dans les affaires du monde, qui le révèlent dans sa dimension de *père* : *À partir de l'effacement de l'idole, se définit alors l'espace d'un renouvellement où Dieu est appréhendé comme un Absolu dont la mise à distance, loin d'instaurer la séparation, introduit au contraire une intimité nouvelle, une paradoxale proximité qui le révèle dans sa dimension de Père.*[4]

---

[3] A. Neher, *L'exil de la parole*, p. 157, Seuil, Paris, 1970.

[4] J.-L. Marion, *L'idole et la distance*, Le Livre de Poche, biblio essai 4120, Paris, 1991.

Le combat de Jacob avec l'Ange

La problématique de la relation de Dieu à sa création est posée dans l'affrontement nocturne entre le troisième patriarche d'Israël, Jacob, et un Adversaire inconnu, obscur, inquiétant, en qui la tradition a reconnu Dieu, ou son Ange.

Il est rapporté au chapitre **32** de la Genèse que Jacob, après avoir volé à Ésaü, son frère aîné, la bénédiction paternelle, revient d'un long séjour en terre étrangère où il avait dû s'exiler. C'est dans la crainte de la vengeance d'Ésaü, être primitif et fruste, qu'il retourne avec sa famille vers la patrie de son père Isaac. De nuit, après avoir prudemment fait franchir à tous les siens le gué du Yabbok, qui constitue la frontière entre la terre d'exil et la terre patriarcale, Jacob, désormais seul, s'apprête à son tour à passer le gué et à pénétrer en Terre Promise. C'est à ce moment, au cœur de la sombre opacité nocturne, dans une obscurité telle que rêve et réalité semblent s'entrecroiser, que Jacob est attaqué : *Quelqu'un lutta avec lui jusqu'au lever de l'aurore. Voyant qu'il ne le maîtrisait pas, il le frappa à l'emboîture de la hanche, et la hanche de Jacob se démit pendant qu'il luttait avec lui. Il dit : "Lâche-moi, car l'aurore est levée", mais Jacob répondit : "Je ne te lâcherai pas, que tu ne m'aies béni." Il lui demanda : "Quel est ton nom ?" – "Jacob", répondit-il. Il reprit : "On ne t'appellera plus Jacob, mais Israël, car tu as été fort contre Dieu et contre les hommes et tu l'as emporté." Jacob fit cette demande : "Révèle-moi ton nom, je te prie", mais il répondit : "Et pourquoi me demandes-tu mon nom ?" et, là même, il le bénit. Jacob donna à cet endroit le nom de Penuel, "car, dit-il, j'ai vu Dieu face à face et j'ai eu la vie sauve"* (Gn **32**,25-32).

Quel est donc ce *quelqu'un* qui, surgi des ténèbres, s'acharne ainsi à abattre Jacob ? Pour les rabbis d'Israël, c'est Dieu, ou l'Ange de Dieu : Jacob a été *fort contre Dieu.* Mais alors, si c'est Dieu, surgissent toutes sortes de questions. Pourquoi s'est-il battu contre celui qui allait devenir le troisième patriarche ? Pourquoi a-t-il tenté d'empêcher Jacob de traverser le fleuve et de rejoindre la terre de ses ancêtres ? Pourquoi, avant que de disparaître au moment de l'aurore, a-t-il laissé sa créature meurtrie et blessée poursuivre seule sa route ? Plus généralement, pourquoi Dieu se dresse-t-il sur le chemin de l'Homme ?

Une méditation personnelle d'une grande profondeur sur le combat de Jacob avec l'Ange de Dieu a été proposée par André Neher dans une conférence donnée à Paris le 15 mars 1960. Dans cette conférence, demeurée inédite jusqu'à ce que Claude Vigée la reprenne dans son ouvrage *Dans le silence de l'Aleph*, André Neher propose cette interprétation : *Le sens de l'action, le sens de la lutte, c'est qu'effectivement Jacob ne traverse pas le fleuve. Il n'aboutit pas, il n'arrive guère à l'autre rive. Mais il passe quand même, il passe en lui-même, il passe à l'endroit même où il est resté, et il passe parce qu'il a lutté sans quitter son lieu, sans bouger de son lieu. Il ne passe pas le Yabbok, mais il passe Peniel, qui est l'endroit même où il se trouve et qui est l'endroit de la lutte nocturne qu'il vient de mener. Quelle est donc cette expérience qui nous fait avancer sans passer ? Qui nous fait progresser sans franchir nos limites ? Qui nous fait transmuter sans que nous soyons sortis du cercle de notre existence ? Quel est donc ce dépassement intérieur qui nous rejette en nous-même, et en même temps nous transforme de fond en comble – quel est donc ce dépassement et pourquoi son prix en est-il une lutte ? "La récompense est pour celui qui sait dompter le temps." Lorsque nous aurons atteint l'autre rive, ce sera un autre nous-même qui sera là-bas. Mais nous, ici, rivés à cette rive-ci, nous luttons dans l'agonie, essayant de renverser le temps, et par la mort, par la sanctification de l'instant de la mort, de donner un sens à toute notre vie : c'est aussi la naissance, c'est l'aube, c'est le lever du jour sur la nuit de Peniel.*[5]

Le thème qui transparaît de ce texte est celui de la lutte. Lutte contre un inconnu, ou lutte contre Dieu qui se cache derrière la figure de cet inconnu ; lutte inégale, lutte incertaine, qui pour l'Homme s'apparente à une lutte pour naître, à une lutte pour survivre. Ou encore à une lutte pour que

[5]C. Vigée, *Dans le silence de l'Aleph*, p. 65-66, Coll. "Spiritualités vivantes", Albin Michel, Paris, 1992.

survive en lui *la trace de Dieu elle-même* (C. Vigée). Et la conclusion de la lutte, c'est que, sur la *glaciale impersonnalité des lois de la Nature* (S. Weinberg), finalement Jacob l'aurait emporté, mais de justesse.

Jacob réalise ainsi que, même si l'ancienne Alliance est rompue avec le Dieu protecteur du Jardin en Éden, avec le *Dieu de notre côté*, l'Homme n'est pas seul dans l'immensité indifférente de l'Univers dont il aurait émergé par hasard. Car, de la nuit opaque et impénétrable, Jacob a vu surgir un Être autonome – peut-être bien un reflet du *Dieu de son propre côté* –, le Dieu qui créa simultanément la lumière et les ténèbres, le bien et le mal.[6] Le Dieu qui, selon la mystique juive, hante la nuit et la mort *de son Néant silencieux* (A. Neher). Le Dieu dont Jésus de Nazareth avait vainement attendu du secours lorsque, humainement seul et s'apprêtant à affronter la mort, il poussa l'appel déchirant : *Éli, Éli, lema sabachtani ?*, c'est-à-dire : *Mon Dieu, mon Dieu, pourquoi m'as-tu abandonné ?* (Mt **27**,46). L'idée de Dieu comme lié originellement au mal, comme lieu où le mal sommeille, atteste que le cœur de la réalité, là où l'Homme peut naître, n'est pas le jardin des délices, là où le bien est donné. Ce lieu de naissance est plutôt celui où le mal peut être vaincu, où le bien ne peut se conquérir qu'au prix d'un combat à l'issue incertaine, où le Dieu que nous appelons à notre secours est aussi celui qui n'hésitera pas à trahir notre espérance dès que celle-ci deviendrait trop sûre d'elle-même : *Tout Juif sait que, depuis Jacob, l'Inconnu le guette à quelque carrefour de son enracinement sur sa terre d'Israël et qu'il faut accepter de lutter avec lui, jusqu'à l'aube. Lutte inégale, dont l'issue peut être victorieuse ou meurtrière, ou encore indécise, dans la double trace d'une blessure ou d'une bénédiction. Mais il vaut la peine de combattre, de relever le défi, de faire le pari sur la Lutte, puisqu'on sait que le partenaire farouche, qui vous surprend dans la nuit obscure, est un reflet lumineux de l'Absolu.*[7]

---

[6] On oppose *Dieu de son propre côté*, c'est-à-dire tel qu'il est vraiment, au *Dieu de notre côté*, c'est-à-dire tel qu'il est pensé par les humains.

[7] A. Neher, *L'identité juive*, p. 214, Seghers, Paris, 1977.

L'éternelle question de Job

Avec le livre des Proverbes, l'Ecclésiaste, l'Ecclésiastique et le livre de la Sagesse, le livre de Job fait partie des livres sapientiaux. Contrairement aux deux autres grandes parties de la Bible hébraïque : les livres de la Loi (Torah ou Pentateuque) et les livres des Prophètes, ces livres, en évoquant des questions toujours actuelles et en proposant des chemins concrets, nous parlent de la vie de tous les jours. Ici réside la raison pour laquelle bien des consciences modernes se sentiront davantage concernées par les récits que l'on trouve dans ces ouvrages que par ceux qui racontent l'histoire d'un peuple particulier. C'est ainsi que, dans le Livre de Job, en abandonnant Job au pouvoir du Satan, les rapports intemporels de Dieu au mal apparaissent dans toute leur actualité.

Les malheurs de Job débutent par la perte de tous ses biens et la mort de ses enfants. Lui-même est ensuite affligé de toutes sortes de maladies. Car Dieu, sans état d'âme apparent, a continué à accéder aux demandes de plus en plus exorbitantes du Satan. C'est le début pour Job d'une lente et inexorable descente dans l'enfer de la souffrance et de la mort, là où le mal règne en maître.

Depuis Job, la détresse de l'Homme a trouvé écho en d'autres temps et d'autres lieux. Mais plus particulièrement, l'éternelle question de Job sur la souffrance et le Mal a été réactualisée par les penseurs juifs de la modernité. Ceux qui ont survécu aux affres de la Shoah comme ceux qui ont péri dans les chambres à gaz ou qui n'ont pu supporter le tragique destin de leurs compatriotes. Tous ceux et toutes celles qui ont identifié l'histoire du peuple juif avec la figure biblique de Job pour que *l'éternelle question de Job à Dieu ne puisse jamais être oubliée sur la terre* (S. Zweig).

La conclusion initiale des victimes de la Shoa n'avait pu être que de souscrire à l'impossibilité de trouver un sens aux événements qu'ils avaient vécus. Certains ont alors abouti à une théologie de l'absurde, à la mort de Dieu. D'autres ont préféré voir dans les événements tragiques de la Shoa une *Éclipse de Dieu.* Entre ceux qui n'ont pu que se résoudre à une désespérance certaine et les tenants d'un espoir par trop naïf, se situent les philosophes de *l'espérance malgré tout*. Parmi eux il y a André Neher.

L'espérance dont André Neher s'est fait le prophète est celle cueillie au sein de l'échec, celle dont la pointe amère réside dans le sentiment tout à la fois de l'impuissance à vaincre le mal et de l'interdiction de baisser les bras devant lui. En plus de demander que l'on reconnaisse qu'à la racine de la vocation humaine germe la notion d'espérance, André Neher demande que l'on accepte également de reconnaître que toute rencontre avec le mal est aussi une rencontre avec Dieu. Mais ceci ne signifie en rien que le mal puisse provenir directement de Dieu. Ce qu'André Neher exprime dans l'interprétation qu'il donne de la souffrance de Job :

La lutte dont il s'agit est celle de l'homme-Job avec la dimension démoniaque du silence de Dieu. *Car Job devine ce que le texte explicite, sauf pour lui, à savoir que dans le silence de sa souffrance, ce n'est pas Dieu qui est à l'œuvre, directement, mais le Satan, auquel Dieu a délégué ses pouvoirs. La rhétorique des amis, qui voudrait éponger le prologue et faire admettre que la souffrance de Job vient, en ligne immédiate, de Dieu, de Sa Bonté et de Sa Lumière, cette rhétorique, parce qu'elle est dénoncée comme telle, par Job, dans toute la facticité de ses artifices, ne peut que renforcer l'inquiétante hypothèse de Job, à savoir que sa rencontre avec le silence de Dieu est une rencontre avec les Ténèbres, avec le Mal. Et si, à partir de sa situation humaine, Job lutte avec une énergie farouche, pour briser ce silence, mendiant un mot, un signe, un rai de lumière qui lui permettrait d'apprendre que la souffrance vient de Dieu, inversement, à partir de sa situation divine, Dieu s'enferme inexorablement dans le silence, luttant pour obliger Job à admettre, oui, à admettre et à accepter que la souffrance vienne du Mal. C'est théo-logiquement, je veux dire dans la logique de Dieu qui se moque de toute logique, la condition nécessaire et suffisante pour que, globalement, irréductiblement, monothéiquement, toute rencontre de l'homme avec quoi que ce soit, fût-ce avec le Mal, avec le Démon, avec Satan, ne puisse être qu'une rencontre avec Dieu. C'est la rançon de cette affirmation si simple et si déroutante à la fois, par laquelle s'ouvre le Livre de Job, à savoir que* la place de Satan est parmi les enfants de Dieu.[8]

L'affirmation d'André Neher est très forte : toute rencontre de l'Homme avec quoi que ce soit, fût-ce avec le mal, avec le Démon, avec Satan, serait aussi une rencontre avec Dieu. Ce qui voudrait dire que le mal ne serait pas né dans le jardin en Éden de par la faute du Serpent, mais il serait une donnée incontournable de la création, de *toute création*. En d'autres termes, le mal ne serait pas originel, accidentel, mais radical, fondamental, absolu. Comme devra donc l'être également toute lutte contre le mal : radicale et absolue. Et c'est dans ce sens que l'existence du mal a au moins cette signification, d'être la loi de la création selon laquelle la lutte contre le mal (avec Dieu ou sans Dieu), est inéluctable. Et que tout ce que l'humain peut faire, c'est tenter de mettre cette loi à profit, non pas pour se désespérer, mais pour au contraire se construire un chemin de vie. Chemin qui, s'il nous a éclairés sur le mal, nous a, dans un même temps, éclairés sur Dieu. Chemin enfin qui ne pourra que reconnaître que *le mal libre vaut mieux que le bien imposé* (L. Pareyson).

Ici se découvre ce paradoxe qui veut que la liberté de l'Homme constitue, envers et contre tout, sa dignité. Même si cette liberté peut avoir des conséquences tragiques, si elle peut aboutir aux pires horreurs, c'est elle néanmoins qui recèle tout ce potentiel de générosité, d'altruisme et d'amour dans lequel les hommes et les femmes puisent chaque jour. C'est donc elle aussi qu'il faut préserver. La liberté c'est l'ouverture, la porte étroite, la faille grâce à laquelle le mal peut déboucher sur le bien. Dans le paysage de la création, l'Homme constitue cette *réserve de liberté* (A. Neher).

Quant à l'image de Dieu qui transparaît du livre de Job, elle s'apparente à un Irrationnel (A. Gesché), à un Dieu dialectique. C'est-à-dire un Dieu dont les qualités qui lui sont attribuées (les attributs) ne sont pensables que si elles sont accompagnées de leur contraire. Un Dieu dont l'existence est inséparable de l'expérience du Mal.

[8] A. Neher, *L'exil de la parole. Du silence biblique au silence d'Auschwitz*, p. 211-212, Seuil, Paris, 1970.

Dieu dialectique tout aussi présent dans les récits de la Bible hébraïque que dans ceux de la Bible chrétienne, et dont la pertinence a ensuite été reconnue tout autant par la philosophie que par la théologie.

C'est ainsi que le théologien Adolphe Gesché reconnaît qu'il serait tenté de dire, non plus : *malum ergo non est Deus*, mais plutôt : *malum – ergo Deus*. Tout en ajoutant aussitôt qu'il faut se méfier des slogans du genre : *la souffrance (ou le Mal) conduit à Dieu* ; ceci sans parler de la *felix culpa.*[9]

D'où également la conclusion philosophique de Pareyson : *Il y a donc un lien originaire entre le problème du mal et le problème de Dieu. La question du mal et de la douleur dans ce monde et la question de Dieu sont inséparables. Qui veut affronter sérieusement le problème du négatif ne peut ignorer ou négliger la divinité et vice-versa. La divinité et la négativité ne sont possibles et pensables qu'à l'intérieur du même horizon, à savoir celui de la religion. C'est seulement s'il y a Dieu qu'il y a le mal et le mal en soi indique Dieu. D'où ici le drame du nihilisme classique qui veut affirmer tout à la fois l'inexistence de Dieu et la négativité et l'absurdité du monde. D'un côté la considération du monde comme absurde est en soi-même la négation de l'existence de Dieu. Dire que le monde est absurde, c'est-à-dire privé de sens ne signifie rien d'autre que dire Dieu n'existe pas, puisque Dieu ne peut avoir d'autre signification que d'être le sens du monde. Mais d'autre part, l'absurdité du monde n'est constatable qu'en présence de Dieu ; c'est seulement si on se réfère à Dieu, c'est-à-dire à la positivité originaire, que le monde apparaît dans toute sa négativité et son absurdité. D'où le caractère incertain et contradictoire du nihilisme classique qui considère Dieu comme nié par ces circonstances mêmes qui, présentées avec tout ce qu'elles impliquent, ne font que l'affirmer. Le nihilisme classique démontre par là que son horizon est encore religieux et en cela réside son caractère tragique.*[10]

---

[9] A. Gesché, *Dieu pour penser. 1 : le mal*, p. 38, Cerf, Paris, 1993.

[10] L. Pareyson, *Ontologie de la liberté. La souffrance et le mal*, p. 209, Éditions de l'éclat, Paris, 1998.

Vanité des vanités

Qui ne connaît Qohélét (L'Ecclésiaste), ou du moins n'en a entendu parler ? Ce livre de sagesse, contestataire et profond, rempli de contradictions, qui, à sa manière, annonce lui également *la fin des certitudes*. Livre dont on ne retient en général que les premières paroles :

> *Paroles de Qohélét, fils de David, roi à Jérusalem.*
> *Vanité des vanités, a dit Qohélét.*
> *Vanité des vanités. Tout est vanité.*

Traduction de l'hébreu *hevel*, le mot *vanité* évoque d'abord le thème du destin, ou de la destinée humaine. Mais *hevel* est également, étymologiquement, la buée, l'insaisissable haleine qui, par son essence même, est appelée à disparaître. La traduction usuelle de *hevel* par *vanité* évoque un destin qui est donc, en premier lieu, un échec. La seule perspective qu'il nous ouvre, c'est le néant.

Mais le destin est aussi associé à l'humain. Il n'est donc pas désincarné, en dehors de l'Homme : il est inhérent à sa nature, à sa condition. Et, pour les Hébreux, *hevel* désigne avant tout, non pas une chose, mais un homme : Abel, le deuxième fils d'Adam et Ève. Raison pour laquelle on ne peut négliger la parenté entre *hevel*, la buée, et l'homme incarnant cette notion, Abel : *Quel fut donc le rôle d'Abel ? Le texte dit de lui que* "Ève enfanta ensuite le frère de Caïn, Abel." *Il est donc né frère, en marge d'un autre. Quelque chose était avant qu'il ne fût. Il n'est pas sorti seulement des entrailles de ses parents, mais il est posé aussi à côté de Caïn. Or il meurt de ce qu'il côtoie ; il sera tué par Caïn. Ce qui précède Abel, ce qui l'accueille à sa naissance, ce qui l'accompagne dans son existence, ce qui est là de façon telle qu'il est obligé d'en tenir compte, tout cela n'est pour lui que piège, source de défaite, argument d'une chute. C'est un premier aspect par lequel Abel est* hevel. *Rien n'est plus certainement cause de l'évanouissement que la source d'où elle émane, le pan d'espace sur lequel elle se pose. Le deuxième aspect, c'est que Abel est resté perpétuellement identique à lui-même, comme la buée ne cesse jamais d'être buée, malgré les modulations de sa forme et la multiplication de ses spirales. (...) Troisièmement : Abel est pur et ses œuvres sont agréées par Dieu ; pourtant il sera tué. La buée s'élève, aspirée par le ciel, mais elle ne l'atteint jamais. Elle se dissout en montant. Dieu est indifférent. Quatrièmement : Caïn dit :* Suis-je le gardien de mon frère? *Lui, le cadre de la vie d'Abel, lui, pour lequel Abel existait puisqu'il était frère et qu'il n'avait que ce seul frère, Caïn est indifférent à son frère, il n'a même pas remarqué qu'il l'a tué. La buée voltige et disparaît. La bouche dont elle émane ne sent pas que c'est un peu d'elle-même qui se perd; elle ne demande pas : où est-elle ? Le monde est insensible. Enfin, la disparition d'Abel est complète. Il meurt sans enfant. Son passage n'a pas laissé de trace. Les nombreuses générations virtuelles qu'il portait en lui sont vouées au néant à l'instant où il meurt lui-même. Une tentative d'histoire humaine avorte ; l'essai est manqué. Le dépôt de la vie était, dès l'origine, mis de côté pour la mort.*[11]

Est-ce à dire que l'histoire humaine se termine là ? Non, car les enfants qu'Abel n'a pas eus se sont en quelque sorte incarnés en Seth, le troisième fils d'Adam et Ève. Seth est le père de l'humanité actuelle, depuis le Déluge, il n'y a plus d'autre homme au monde que les enfants de Seth. L'humanité telle que nous la connaissons est la descendance de Seth. Et, parmi cette descendance, il y a Jacob-Israël, le troisième patriarche qui, au gué du Yabbok, lutta contre Dieu. La violence de Caïn prend une autre forme, mais elle continue. De cette épreuve, Jacob ne sort donc pas vaincu, mais pas vaincu de justesse et en plus blessé. À sa suite, c'est toute l'humanité qui s'engagera en claudiquant sur le chemin d'une vie faite d'un mélange inextricable de courage et de faiblesse, de vérités et de mensonges, d'amour et de haine, de pardon et de rancune, de paix et de violence. Chemin qui est bien encore celui de notre quotidien : notre temps est toujours celui de Seth !

[11] A. Neher, *Notes sur Qohélét (L'Ecclésiaste)*, p. 75-77, Minuit, Paris, 1951.

Nul ne conteste qu'on puisse dire que le temps est ce qui fait que toute chose passe. Mais en déduire que c'est le temps lui-même qui passe, c'est prendre un raccourci et confondre contenant et contenu. La succession des moments du temps (passé, présent, futur) n'est pas la même chose que la succession du temps lui-même. Eux passent, lui pas. (...) Étrange chose que le temps qui, paradoxalement, parvient à mimer l'éternité tout en étant ce qui nous en sépare : tout passe avec lui... sauf lui-même, qui ne passe pas à travers ce qu'il fait passer.

Étienne Klein, *Le temps existe-t-il ?*

2
André Neher et Qohéléth : les dons de Dieu

Proposé en 1927 par le savant belge Georges Lemaître, le *big bang* est un modèle cosmologique pour décrire l'origine et l'évolution de l'Univers. Selon ce modèle l'Univers a un âge : environ 13,8 milliards d'années. Mais qu'en est-il du temps ? A-t-il un âge également ? Selon Ilya Prigogine, alors que notre Univers a un âge, le temps, lui, n'en aurait pas : il n'aurait pas de début, et probablement pas de fin.

Dans son ouvrage *La fin des certitudes*, Ilya Prigogine raconte qu'aux environs de 1985 il avait présenté un exposé à l'Université Lomonosoff à Moscou. Le professeur Dimitri Ivanenko, l'un des physiciens russes les plus respectés, lui avait demandé d'écrire une courte phrase sur le mur. Il y avait déjà un grand nombre de phrases écrites par des scientifiques de renom. Dont le physicien anglais Paul Dirac et le physicien danois Niels Bohr. Après quelques instants de réflexion, Ilya Prigogine écrivit : *Le temps précède l'existence.* Voulant signifier par là que si la naissance de notre Univers est un événement dans l'histoire du cosmos, nous devons alors attribuer à celui-ci un temps antérieur à celui de la naissance de notre Univers.[1]

[1]I. Prigogine, *La fin des certitudes*, p. 189, Odile Jacob, Paris, 1996.

Si la physique s'intéresse au temps, la Bible le fait également. Et si nous voulons nous pencher sur ce qu'elle en dit, le mieux est d'ouvrir le troisième chapitre de Qohélét où nous découvrons son discours sur le temps :

> 1 *Il y a pour tout un moment*
> *et un temps pour toute chose sous les cieux :*
>
> 2 *un temps pour enfanter et un temps pour mourir ;*
> *un temps pour planter et un temps pour arracher le plant ;*
>
> 3 *un temps pour tuer et un temps pour guérir ;*
> *un temps pour abattre et un temps pour bâtir ;*
>
> 4 *un temps pour pleurer et un temps pour rire ;*
> *un temps de se lamenter et un temps de danser ;*
>
> 5 *un temps pour jeter des pierres et un temps d'amasser des pierres ;*
> *un temps pour embrasser et un temps pour s'abstenir d'embrasser ;*
>
> 6 *un temps pour chercher et un temps pour perdre ;*
> *un temps pour garder et un temps pour jeter ;*
>
> 7 *un temps pour déchirer et un temps pour coudre ;*
> *un temps pour se taire et un temps pour parler ;*
>
> 8 *un temps pour haïr et un temps pour aimer ;*
> *un temps de guerre et un temps de paix.*

9 *Quel profit celui qui fait quelque chose a-t-il à tra-*
vailler ? 10 *J'ai vu le travail que Dieu a donné aux fils d'hom-*
me pour qu'ils s'en soucient. 11 *Il a fait toute chose belle en*
son temps ; il a mis dans leurs cœurs le désir de l'éternité,
malgré quoi l'homme ne découvre pas l'œuvre que Dieu a
faite du commencement à la fin. 12 *J'ai connu qu'il n'y a rien*
de bon pour eux, si ce n'est de jouir et d'avoir du bien-être
en leur vie. 13 *Et même tout homme qui mange, boit et goûte*
le bonheur par tout son travail, cela est un don de Dieu. 14
J'ai connu que tout ce que Dieu fait sera à perpétuité : il n'y
a rien à ajouter ni rien à retrancher et Dieu a fait en sorte
que l'on éprouve de la crainte devant lui.

Si le temps est un élément unificateur du chapitre 3 de Qohélét, le *don* en est un autre. Et ces deux éléments se combinent dans la constatation que le temps est un *don* de Dieu. Car, de quelque temps qu'il s'agisse, celui-ci n'est jamais créé par l'Homme. Il lui vient de l'extérieur, il lui est donné. Dans l'entretien qu'il avait eu avec Edmond Blattchen, Ilya Prigogine avait fait observer que, dans le contexte de la construction de l'Univers, la physique moderne ouvrait sur deux possibilités. Soit cette construction venait des lois de la Nature elle-même, soit elle venait d'un programme extérieur. Ce dilemme, Qohélét le lève dans le sens où, pour lui, le temps et tout ce qui est *dans* le temps, est un *don*. Et, plus précisément, un *don* de Dieu. La loi du temps est donc extérieure (ou antérieure) aux lois de notre Univers.

S'il y a un concept qui est intimement lié à celui du temps, c'est bien celui d'éternité. Concept qui signifie une durée qui n'a ni commencement ni fin, qui échappe à toute détermination chronologique, qui se situe hors du temps. Et ce concept d'éternité est un autre don de Dieu : *Dieu a fait toute chose belle en son temps ; il a mis dans le cœur des hommes le désir de l'éternité.* Ce désir qui précisément fait que nous aspirons à un amour qui est éternel : *En définitive, cette soif d'éternité n'est rien d'autre que la poursuite de la vie ! Face à la mort inévitable, la vie elle-même est une contradiction, car la vie veut vivre et non mourir. La* soif de la vie est soif d'éternité *(Moltmann). Et l'une se trouve inséparable de l'autre.*[2]

Un mot encore : lorsqu'il s'agit d'éternité, la pensée contemporaine ne pense pas d'abord à un temps infini, au sens que l'on attribuait à cet infini dans la Grèce antique. Ou à un éternel présent. C'est la raison pour laquelle, et étant donné la relativité du temps, il faudrait plutôt penser le concept d'éternité en termes de sortie du cadre temporel. Ou de sortie de notre espace-temps einsteinien.

Revenons une dernière fois au *don*, ce concept unificateur du chapitre 3 qu'André Neher a parfaitement analysé :

[2] J. Ellul, *La raison d'être. Méditation sur l'Ecclésiaste*, p. 233, Coll. Empreintes, Seuil, Paris,1987.

L'étonnant troisième chapitre, faisant osciller les temps dans la gravitation la plus complexe, trouve son équilibre dans le "don". Il est légitime d'éclaircir cette notion de don. Qohélét nous y incite, puisqu'il désigne l'auteur du don : Dieu. C'est Dieu qui donne le temps et l'existence. Niveau métaphysique donc, d'autant plus remarquable qu'en l'abordant, Qohélét se place dans la continuité de la théologie hébraïque qui voit dans le contact de Dieu et du monde un "don". Au Sinaï, Dieu ne s'est pas "révélé", il a "donné". La thora *est un don. Lorsque Qohélét parle des* Mitswoth *de Dieu, des commandements de Dieu, il n'est pas douteux qu'il pense à la thora, ce don précieux, imbriqué dans le temps et dans l'existence d'Israël.*

Seulement – et c'est là le repli de Qohélét par rapport à la théologie hébraïque – ce don de la thora n'est pas absolu. La thora n'est pas la *loi, mais une possibilité de loi, ni plus ni moins efficace et réelle que les lois parfois offertes par le déroulement du temps ou les aspects du destin.*[3] *Il y a une* œuvre *de Dieu qui dépasse le don de la* thora, *et qui dépasse l'expérience humaine. L'homme est incapable de connaître les limites de cette œuvre, et rien de ce que Dieu lui a donné – thora, temps, existence – ne peut en forcer le mystère. Devant elle, l'homme ne peut qu'éprouver la crainte.*[4]

Si, selon Qohélet, *Dieu a œuvré pour qu'on éprouve la crainte devant lui*, la première question qui vient à l'esprit est : qu'entend Qohélet par la crainte de Dieu ? Qohélet ne le dit pas explicitement mais, bien entendu, il ne peut ignorer le Psaume 111 : *La crainte de l'Éternel est le commencement de la Sagesse.* Selon cette vue des choses, crainte de Dieu et commencement de la Sagesse coïncident. La Sagesse ne peut donc résulter que d'une relation vraie avec Dieu. C'est donc dans cette perspective de *relation vraie avec Dieu* qu'il faut comprendre la *crainte*.

---

[3] Faut-il rappeler que selon la théorie quantique, la création de l'Univers est avant tout une création de possibilités, dont certaines se réalisent et d'autres pas ?

[4] A. Neher, *Notes sur Qohélét (L'Ecclésiaste)*, p. 105-106, Minuit, Paris, 1951.

Continuons la lecture du chapitre 3 :

> 15 *Ce qui déjà fut est*
> *et ce qui doit être a déjà été*
> *et Dieu recherche ce qui fuit.*

Afin d'expliciter cette courte strophe, je me tourne vers l'analyse qu'en fait Jacques Ellul :

Alors tout tombe-t-il dans le néant ? Tout ce que nous entreprenons n'a-t-il d'autre issue que le néant ? Eh bien non ! Voici la première réponse de l'Ecclésiaste (qui reviendra souvent) : "Ce qui fut est, et ce qui doit être a déjà été et Dieu recherche ce qui fuit". Le temps oublié, ces œuvres perdues, cette fuite de tout, voici ce que Dieu reprend et recueille. Ce qui fuit dans le passé, ce qui fuit dans l'avenir, Dieu recueille. Il recherche et certes, lui, il trouve. Ce souvenir de Dieu est une constante fondamentale comme Mussner l'a montré.[5] *Dieu est celui en qui rien n'est jamais perdu. Dieu "se souvient" d'individus (Noé, Abraham, Samson, Jérémie, etc.). Dieu se souvient de l'Alliance, et l'arc dans la nue est le signe du souvenir constant de Dieu. Il se souvient de l'alliance avec son peuple d'Israël (Éz* **16**,*60, Ps* **105**,*8-11). Et ce verbe "se souvenir", nous dit Mussner, a une valeur "théologico-historique". Dans le texte d'Ézéchiel, "il est question deux fois du tournant du destin, trois fois du rétablissement [de Jérusalem], cinq fois de l'alliance : Dieu se souvient de son alliance qu'il a jadis contractée avec Israël et ce "souvenir" meut l'histoire, la pousse en avant, mène au tournant du destin... Le souvenir de Dieu est l'expression de sa fidélité". Voilà pourquoi rien n'est jamais perdu : Dieu cherche ce qui fuit...*[6]

Si la recherche de la réalité ultime (de la réalité en soi) est vanité, si la recherche spirituelle est *poursuite du vent*, si la recherche de la Sagesse l'est aussi, si faire le bien ne sert à rien, ce n'est pas une raison – ou une excuse – pour ne rien faire. Parce qu'on n'a le droit de dire que *tout est vanité*,

---

[5] F. Mussner, *Traité sur les Juifs*, Cerf, Paris, 1981.

[6] J. Ellul, *La raison d'être. Méditation sur l'Ecclésiaste*, p. 68, Seuil, Paris, 1987.

qu'après avoir tout essayé. Il faut *faire* parce que le travail est un *don*, et qu'en Dieu rien n'est jamais perdu.

Vient ensuite l'admirable poème sur le temps qui passe :

1 *Souviens-toi de ton créateur*
aux jours de ton adolescence,
avant que ne viennent les jours de malheur,
et que n'arrivent les années dont tu diras :
"Je n'y ai aucun plaisir !" ;

2 *avant que ne s'obscurcisse le soleil,*
la lumière, la lune et les étoiles,
et que ne reviennent les nuages après l'averse,

3 *au jour où trembleront les gardiens de ta maison,*
où se courberont les hommes vigoureux,
où cesseront les meunières,
parce qu'elles seront trop peu nombreuses,
où s'obscurciront celles qui regardent aux fenêtres,

4 *où seront fermés les deux battants sur la rue,*
au jour où baissera le bruit du moulin,
où on se lèvera à la voix du passereau,
et où s'atténueront tous les chants ;

5 *et aussi d'en haut on aura peur*
et ce seront des terreurs sur les chemins ;
où l'amandier fleurit,
la sauterelle deviendra pesante
et la câpre inefficace,
car l'homme s'en va vers sa maison d'éternité
et les pleureurs circulent dans la rue ;

6 *avant que ne se détache le câble d'argent,*
que ne se brise le globe d'or,
que ne se brise la cruche à la fontaine,
et que ne se brise la poulie à la citerne ;

7 *avant que la poussière ne retourne à la terre,*
selon ce qu'elle était,
et que le souffle ne retourne à Dieu
qui l'a donné.

8 *Vanité des vanités, a dit Qohélét.*
Tout est vanité.

Ce poème est aussi, de toute évidence, un texte sur la vieillesse. Il est l'évocation de tous les naufrages, de tous les déclins, de toutes les fins. Et, en particulier, celle de l'Homme. Et cependant, glissées éparses dans le texte, il y a çà et là des métaphores d'espérance : il y a, bien sûr, le passereau qui continue à chanter, et l'amandier à fleurir (et l'on sait que l'amandier est symbole d'espoir) mais également la sauterelle, symbole de tous les malheurs, qui deviendra pesante et la câpre inefficace. Et, surtout, il y a ce souffle qui retourne à Dieu. Ici, je reprends l'analyse de Jacques Ellul :

L'esprit n'est pas une vague évanescence "spiritualiste". L'esprit c'est ce qui fait vivre, d'une vie totale. Ce qui fait que l'homme a une possibilité de création et d'histoire. L'esprit, c'est la possibilité d'une relation (c'est pourquoi le corps mort dont l'esprit s'est retiré n'a plus aucune relation). Et cela dépend exactement du souffle de vie, pas d'un vague supplément. Ceci est d'ailleurs confirmé par les exégètes qui insistent aujourd'hui sur le fait que l'homme n'est pas composite, n'est pas un ensemble hétérogène de corps/âme/esprit, mais qu'il est une unité parfaite et que l'esprit est corps. Le corps est esprit, pas de rupture. Alors, s'il en est ainsi, si la rupture c'est la fin de l'homme, donc esprit ou souffle de vie, c'est exactement ne rien dire sauf à avoir recours à un spiritualisme philosophique. Esprit ne prend un sens que s'il est vu dans le concret. C'est-à-dire : esprit ce qui donne la vie, et la maintient. Et qui retourne au moment de la mort à l'éternel vivant. Mais, et c'est ici ce qui me semble le plus important : cet esprit qui égale la vie n'est pas une abstraction. Précisément, toute la Bible parle de la vie comme d'une réalité historique (et non métaphysique ou seulement biologique). L'esprit change au cours de la vie d'un homme. Ce qui implique que ce qui retourne à Dieu n'est pas l'identique de ce qui est donné : cet "esprit" s'est chargé en cours de vie de toute une histoire, de toutes les aventures, sentiments, peurs, souffrances, espérances, foi ou absence de foi, et ce qui revient à Dieu c'est un esprit garni de l'histoire entière, connue ou secrète d'un homme. Alors ce qui reste dans la poussière n'est plus rien, mais ce qui a été vécu par l'homme n'est jamais perdu. Certes, cette vie, cette histoire, ne sont que vanité, poursuite de vent, et presque rien (seulement presque*). Mais voilà ! Ce presque, Dieu l'assume, le prend en charge lorsqu'il recueille l'esprit de cet homme à qui il l'avait donné. L'esprit, le souffle, un presque rien aussi. Mais un presque rien qui est à Dieu. Et là est la grâce.*[7]

Mais quel est ce Dieu qui donne tout travail aux fils d'homme et qui ensuite déclare que tout ce qu'ils ont fait, qu'ils font, ou qu'ils feront est vanité ? Quel est donc le Dieu de Qohéléth ?

On rencontre dans Qohéléth plus de trente références significatives à Dieu. Pour Qohéléth Dieu est un Dieu inconnu qui se retrouve dans cette citation biblique : *L'Éternel veut habiter dans l'obscurité* (I Rois **8**,12). En insistant sur la non-connaissance de Dieu, Qohéléth reconnaît que Dieu est au-delà de tout concept humain possible, qu'il est donc parfaitement extérieur à nos systèmes de pensée, à nos religions, à nos philosophies. Il n'est en tout cas jamais *inclus* dans une de nos religions ou de nos sciences. Il n'est donc pas le Dieu des philosophes et des savants ! Car la réalité ultime, la réalité en soi, là où devrait se situer la relation entre Dieu et l'Univers, est inconnaissable, impénétrable, opaque. Et la vraie Sagesse consiste à le reconnaître.

Qohélét peut alors terminer son discours sur la crainte de Dieu, sur la vraie sagesse :

Fin du discours. Tout est entendu, crains Dieu, et observe son commandement, car c'est là tout l'homme. Car Dieu fera venir en jugement toute œuvre, concernant tout ce qui est caché. Que ce soit bon ou mauvais.

Une ultime fois : *Crains Dieu* ! Car manifestement, pour Qohéléth, c'est avec cette crainte de Dieu que tout commence, que tout découle, que tout s'achèvera. L'espérance de l'Homme comme ses comportements fous, son désir d'éternité comme ses pulsations de mort, sa relation vraie à Dieu comme sa fascination pour tous les dieux pervers. C'est de l'intérieur de la foi qu'il faut lire Qohéléth. Et conclure avec Jacques

[7] J. Ellul, *La raison d'être. Méditation sur l'Ecclésiaste*, p. 275-276, Seuil, Paris, 1987.

Ellul : *Il nous a conduits par la main à cette dernière porte* [la crainte de Dieu, la relation vraie à Dieu], *qui est la première de la vie.*

Le seul point fixe, la seule relation stable pour l'Homme, c'est sa relation à Dieu. Tout le reste, finalement, n'est que vanité, buée, poursuite de vent...

Jacques Ellul termine son étude en comparant cette finale de Qohéléth avec l'affirmation célèbre de Jacques Monod : *L'ancienne alliance est rompue ; l'homme sait enfin qu'il est seul dans l'immensité indifférente de l'Univers, d'où il a émergé par hasard. Non plus que son destin, son devoir n'est écrit nulle part. À lui de choisir entre le Royaume et les ténèbres.* Et, conclut Jacques Ellul, *si Jacques Monod avait lu, s'il avait réfléchi sur Qohéléth, il aurait pu s'épargner ce lieu commun romantique. Car enfin, que le destin ni le devoir a priori ne soient inscrits nulle part, on n'avait pas besoin de la démonstration pseudo-scientifique de Jacques Monod pour le savoir. Qohéléth en est un bon témoin !*[8]

[8] J. Ellul, *La raison d'être. Méditation sur l'Ecclésiaste*, p. 281-282, Cerf, Paris, 1987.

L'histoire des noms s'identifie à l'histoire de la collaboration de Dieu avec l'homme, avec les hommes. Toute l'histoire de l'humanité est un processus de rapprochement entre Dieu comme essence et comme personne et les noms de Dieu, qui nous le font comprendre. À présent, il y a dichotomie entre l'essence de Dieu et sa compréhension à travers sa participation dans l'histoire. D'après la mystique juive, et notamment le Zohar, c'est à l'homme qu'il incombe de réaliser à nouveau l'unité de Dieu, brisée par le péché humain, en opérant la fusion du Principe immanent et du Principe transcendant.

Esther Starobinski-Safran

3
Esther Starobinski-Safran : Exode 3, 14

Comme le *Réel* doit bien exister indépendamment de ce que l'Homme peut en connaître, ainsi le mot *Dieu* devrait également avoir un sens indépendant de ce que l'Homme peut en dire. Un sens qui ne procède pas de la réalité humaine et que la pensée juive pense retrouver en se plongeant dans le *Tétragramme*, encore représenté par le cartouche :
adonaï
I *H V* H, qui signifie ce que l'Homme ne peut ni définir, ni penser, ni poser, ni même nommer. Ce Tétragramme apparaît pour la première fois en Genèse **2**,4 lorsque Dieu se prépare à entrer en relation avec sa créature, avec l'Homme : *Voici les enfantements des ciels et de la terre en leur création,*
adonaï
au jour de faire I H V H Elohîm terre et ciels (traduction André Chouraqui). Sans que son sens soit révélé par Dieu, le Tétragramme est utilisé dans la Genèse dans la relation des rapports de Dieu avec les patriarches. Il faudra attendre l'Exode pour que, parmi les noms de Dieu, le Tétragramme soit celui qui suggère le mieux que Dieu est celui qui, par excellence, *est* ; le Talmud aborde la question de *Dieu de son propre côté* par son intermédiaire.

Nom imprononçable, mais nom quand même, c'est à partir du Tétragramme que l'Homme peut déjà se faire une idée de Dieu dans son absolu. De Dieu dans son lieu natal, si l'on peut dire. Et lui donner un nom. Le Tétragramme, en tant que nom, est déjà en quelque sorte infidèle à l'*En-Sof* – qui signifie sans fin – et se rapproche de la théologie négative des mystiques : *L'essence de l'*En-Sof *est dissimulée plus que tout secret et l'on ne doit le nommer d'aucun nom, pas même du Tétragramme, pas même du bout de la plus petite lettre.*[1] L'infime que nous atteignons du *Dieu de son propre côté*, c'est ce que signifie le Tétragramme. Notre entendement du Tétragramme ne serait cependant que commencement du commencement de l'entendement de *Dieu de son propre côté.*

Pour la tradition juive, c'est avant tout dans le dialogue avec Moïse qui se déroule à l'occasion de l'épisode du Buisson ardent que Dieu se révèle. Après avoir entendu Dieu lui dire qu'il serait avec lui dans sa mission, Moïse avait sollicité encore un signe plus concret de son interlocuteur : la connaissance de son nom. Ce nom qui véritablement dévoilerait l'être de Yahvé. C'est alors, au verset 14 du chapitre **3**, que se trouve formulée la réponse de Dieu, la révélation des révélations : *èhyè ashèr èhyè*. Les Septante ont rendu – bien incomplètement semble-t-il – cette expression par : $\varepsilon\gamma\omega\ \varepsilon\iota\mu\iota\ o\ \Omega\nu$, *Je suis l'Être.* Ici, c'est donc de façon intraduisible en termes de langage humain que l'Absolu s'exprime. Il se présente sous la forme éminemment obscure d'un verbe qui traduit la simple *existence* d'un sujet dont le nom est lui-même à tout jamais incommunicable.

L'exégèse rabbinique la plus courante de la vision du Buisson est que Yahvé est avec son peuple au milieu des souffrances, symbolisées par les épines d'un arbuste à demi-mort. C'est dans l'insécurité et l'isolement d'un désert inhumain, à travers un végétal qui flambe, que Dieu manifeste sa présence à Moïse. Quelle signification attribuer à ces deux symboles que sont le *Tétragramme* et le *Buisson* ?

[1] *Nefesh Hahaïm*, **3**,2 ; cité par E. Levinas, *L'au-delà du verset. Lectures et discours talmudiques*, p. 198, Les éditions de minuit, Paris, 1982.

Esther Starobinski-Safran y voit l'annonce du mystère d'un Dieu désireux d'assurer l'Homme, malgré sa transcendance irréductible, de sa paradoxale proximité : *Le buisson d'épines suggère l'écran impénétrable auquel se heurte toute réflexion sur Dieu, mais encore sur les épreuves, les souffrances et la mort. Il marque la distance entre la Divinité et l'homme et figure, par là même, la solitude de ce dernier. Néanmoins, une voix s'élève de ce lieu inaccessible : Dieu s'adresse à Moïse "du milieu du buisson". Cet appel concrétise les diverses formes de communication qui s'instaurent entre la Divinité et l'homme.*[2]

Du milieu du Buisson, c'est donc d'abord le *Dieu de son propre côté* qui se révèle à Moïse, le Dieu dont, à l'instar de la *Réalité en soi*, on peut dire qu'il n'est pas immergé dans l'espace-temps et qu'il excède les possibilités de l'intelligence humaine. Réalisant que le nom même de Dieu reste le plus obscur parmi tous les noms, Rashi[3] interprète la réponse de Dieu comme signifiant : *Mon nom doit demeurer caché.* D'où les nombreuses traductions du verset 14 qui toutes mettent l'accent sur un Dieu réticent à s'immerger de façon transparente dans la durée humaine, d'un Dieu qui refuse de montrer ses faces : *Yahvé a décidé d'habiter la nuée obscure* (1R **8**,12).

Plutôt que sur le caractère obscur de la révélation, tous les grands commentateurs du Talmud préfèrent actuellement mettre l'accent sur le fait que le Nom que Yahvé se donne ne doit pas être imaginé uniquement de manière conceptuelle. Ce Nom doit clairement être vu comme orienté vers le futur, vers la formulation d'une inimaginable coopération entre Yahvé et l'Homme. Entre Dieu et la Nature.

Ainsi, le Nom n'est pas un axiome atemporel ou anhistorique concernant l'essence divine, mais doit plutôt être vu comme s'inscrivant dans une action tout entière marquée par la miséricorde d'un Dieu qui désire être accessible. Dans le Midrash Aggadah, on commente la dynamique incluse dans

[2] E. Starobinski-Safran, *Le Buisson et la Voix. Exégèse et pensée juives*, p. 11, "Présences du judaïsme", Albin Michel, Paris, 1987.

[3] Éminent commentateur de la Bible et du Talmud ; onzième siècle.

la présentation divine de la façon suivante : *Comme tu es avec moi, ainsi je suis avec toi.* Enfin, Rashi paraphrase encore *èhyè ashèr èhyè* comme : *Je serai avec eux dans ce malheur comme je serai avec eux dans leurs esclavages futurs.* La relation étroite entre Dieu, l'Homme – en tant qu'individu, mais aussi en tant que collectif – et l'Univers se trouve ainsi renforcée.

Le philosophe grec d'origine juive Philon ($\approx$ 13-54) distingue, lui, dans l'épisode du Buisson ardent, les étapes du cheminement que l'humain peut faire, à partir du *Dieu de son propre côté*, inaccessible dans son essence, comme l'indique la formulation *Je suis celui qui suis* d'Exode **3**,14, vers le *Dieu de notre côté.* Le Dieu qui pénètre dans tout l'Univers pour se mettre en rapport avec les hommes comme le laisse entendre l'affirmation que l'on trouve en Exode **3**,15 : *Je suis le Dieu d'Abraham, le Dieu d'Isaac et le Dieu de Jacob.*

Le passage d'Exode **3**,14 vers Exode **3**,15 s'identifie au passage du *Dieu de son propre côté* vers le *Dieu de notre côté.* Selon la Bible, toute l'histoire de l'humanité est un processus de rapprochement entre Dieu comme essence et Dieu comme personne. À présent, il y a dichotomie entre l'essence de Dieu et sa compréhension à travers sa participation dans l'histoire humaine. Mais en fait, les différents noms de Dieu dans les Écritures laissent apparaître une forme de connaissance de Dieu adaptée à chaque étape de la vie spirituelle. Il n'y a pas d'époque radicalement séparée de Dieu.

En conclusion, le Dieu de son propre côté est-il totalement inconnaissable ? Ou bien, tout comme la réalité en soi, serait-il plutôt partiellement connaissable ? Ou connaissable *en creux* ? Par exemple par les textes bibliques ? Ou par ses témoins ? Par exemple par Jésus de Nazareth ?

Un examen de certains textes, plus particulièrement ceux qui découlent du verset **3**,14 de l'Exode, nous conduit à la conclusion qu'il est connaissable *en creux*, ou encore, tout comme la réalité en soi, qu'il est *voilé.* Plus généralement, je dirais que de par l'entièreté du corpus biblique, Dieu cesse d'être l'inaccessible, l'impassible. Il se repent (Genèse **6**,6s ; Exode **32**,14 ; 1 Samuel **15**,11.35 ; Amos **7**,3...) ; il se lamente (Jérémie **8**,5) ; il est un Dieu relationnel : *Ainsi vous êtes mes* *témoins, déclare le Seigneur, et je suis Dieu.* C'est-à-dire : *Si vous êtes mes témoins je suis Dieu, et si vous n'êtes pas mes témoins, je ne suis pas Dieu, en quelque sorte*[4]. Et encore : *En vérité je vous le dis, dans la mesure où vous l'avez fait à l'un de ces plus petits de mes frères, c'est à moi que vous l'avez fait* (Mt **25**, 40).

Si Dieu est l'éternel, la relation l'est alors aussi. Ce qui est éternisé dans l'Homme, ce n'est pas le corps, ou la matière, ou encore l'esprit, mais les relations. Ces relations qu'il a créées, qui l'ont fait vivre, qui furent sa vie, qui ont fait son histoire. Dans le prolongement du Buisson ardent, Rashi écrit : *De même que le buisson accomplit sa mission et n'est pas consumé, de même, lorsque tu accompliras la tienne* [créer des relations], *tu ne seras point lésé.*[5] Ce que confirme Qohéléth : *Ce qui fut, déjà est, et ce qui doit être a été et Dieu recherche ce qui fuit* [les relations que l'Homme a créées]. *Ce qui existe a déjà été. Ce qui existera, existe déjà, mais Dieu recherchera ce qui a fui* (Qo *3*, 15 ; traduction Guillaumont-Ellul).

Autrement dit, à l'œuvre de créer des relations, l'Homme est attelé seul. Car Dieu ne réalise pas l'œuvre de l'Homme à sa place. De là le silence de Dieu. Mais si les relations sont ce qui a fait vivre, alors, et même si ce qui restera après la vie terrestre n'est que poussière, ce qui a été vécu par un homme ou une femme, sa vie de relations, n'est jamais perdu : *Dieu recherchera ce qui a fui.* Dans cette optique, il n'est sans doute pas absurde l'espoir que nous avons de retrouver, par delà la mort, ceux que nous avons aimés ici-bas. Ceux avec qui nous avons entretenu des relations. Espérance qui donne à notre existence, et selon l'expression de Bernard d'Espagnat, un *élan irremplaçable.*

---

[4]Jon Levenson cité par : P. Ricœur, A. LaCocque, *Penser la Bible*, p. 327, Seuil, Paris, 1998.

[5]Cité par Esther Starobinski-Safran, *Le Buisson et la Voix. Exégèse et pensée juive*, p. 33, Albin Michel, Paris, 1987.

Le Seigneur-Dieu du Buisson ardent n'est pas un être tout fait, un Dieu-Chose qu'on enferme dans une boîte, un tabernacle, une synagogue, une église, un État de ce monde. À aucun moment il ne se laissera incarcérer pour de bon dans l'histoire humaine. Il est, au contraire, brisure de tout ce qui est paralytique et pétrifiant. Cassure de ce qui pèse, oppresse, arrête le flux de l'esprit, étouffe le souffle de la vie divine dans l'histoire humaine : "J'ai vu l'étranglement dont les Égyptiens les étranglent." *Je fais sauter ce qui est fermé sur soi-même, je dynamite ce que les hommes au cœur endurci s'évertuent à emprisonner, à écraser sous leurs talons, à figer dans un temps, ou à fixer dans l'espace en images finies, porteuses de la mort en beauté... Fendeur des portes du bagne, sauveur et libérateur de la vie inerte, tel est mon nom pour toujours.*

Claude Vigée, *La manne et la rosée*

4
Jacques Ellul : l'héritage du Buisson

Il faut le reconnaître : au temps de Jésus, un certain judaïsme était devenu conservateur et antisubversif. Par là même était apparue une construction philosophico-théologique où Dieu était présenté comme ayant donné à tous la même Loi, toujours objective, neutre, générale, applicable à tous. Et par conséquent absolue... et dont il fallait contrôler l'observance par les fidèles ! D'où le pharisaïsme au sens où l'entendaient les évangélistes. C'était oublier un peu vite l'épiphanie du Sinaï ou tout le peuple *voit les voix* innombrables de Dieu qui, à chacun, donne des commandements. Étant entendu qu'un commandement est une parole personnelle, individualisée, adressée par celui qui la dit à celui qui l'entend. Le midrash commente que chacun des auditeurs présents ce jour-là entendit, à sa façon, selon ses capacités d'écoute particulière, la Tora, certes unique et universelle, mais adressée à chaque être dans sa singularité. Ce sont les voix infinies de l'amour qui, s'adressant aux hommes et aux femmes de tous les temps et de toutes les religions, partent dans toutes les directions du temps et de l'espace.[1]

[1]Selon Claude Vigée : *La manne et la rosée. Fêtes de la Tora*, p. 56, Desclée de Brouwer, Paris, 1986.

Au Sinaï, Israël, démocratiquement consulté, avait répondu à Dieu : *Nous ferons et ensuite nous comprendrons.* Après ce consentement, les enfants d'Israël s'étaient autorisés à ajouter : mais... Ces considérations jettent une lumière sur deux passages évangéliques souvent jugés contradictoires : *N'allez pas croire que je sois venu abolir la Loi ou les Prophètes : je ne suis pas venu abolir, mais accomplir* (Mt **5**,17) ; et : *Jésus leur disait : "Le sabbat a été fait pour l'homme, et non l'homme pour le sabbat ; en sorte que le Fils de l'homme est maître même du sabbat* (Mc **2**,27-28).[2]

Comme Moïse et les prophètes d'Israël, Jésus était venu comme contestataire, et donc comme dissident, d'une certaine forme du judaïsme entendu comme acceptation aveugle de la Loi. Certes, si chacun est libre d'interpréter la Loi comme il l'entend, cette liberté ne peut cependant s'exercer qu'après avoir approfondi les valeurs sous-tendues par cette Loi. D'où les deux prises de position à première vue contradictoires de Jésus. Car dans toute loi il y a deux risques : celui d'ignorer l'esprit de la Loi et celui de transformer en Loi ce qui est commandement. L'accomplissement de la Loi par Jésus prend ces risques en compte. Autrement dit, avant que de se prétendre libre de tout attachement à une loi (avant de vouloir *abolir la Loi ou les Prophètes*), il faut se vouloir responsable.[3] Ce n'est qu'après qu'on pourra dire que *le sabbat a été fait pour l'homme, et non l'homme pour le sabbat.* Le risque de la liberté, c'est la non-responsabilité. La liberté reste donc un problème. Et pourtant, comme l'amour, elle est essentielle. Car il n'y a pas d'amour sans liberté et l'amour obligatoire n'est pas de l'amour.

Si Jésus est venu éclairer le grand écart existant entre loi et commandement, il en a également éclairé un autre. Celui entre le *Dieu de son propre côté*, inconnaissable et ineffable,

---

[2]Nous reviendrons ultérieurement sur ces deux passages.

[3]Dans *La manne et la rosée*, Claude Vigée attire l'attention sur une des caractéristiques de notre époque où, avant que d'être devenu responsable, on se veut libre. Avec comme conséquence que celui qui, sous prétexte d'idéalisme, renverse cet ordre de priorités, ruine la liberté dont il se réclame. Or, dans l'optique du Sinaï, la liberté exige d'être soumise préalablement aux impératifs de la responsabilité à l'égard du prochain... et de Dieu.

et le *Dieu de notre côté*, dont Jésus nous apprend qu'il est Père. Mais pas Père comme nous le pensons : *Dieu est père comme les pères ne sont pas généralement père* (Crespy).

Cette façon de voir les choses, selon laquelle *Dieu est père comme les pères ne sont pas généralement père*, est encore illustrée par la parabole de l'enfant prodigue. Le père, sans arrière-pensée, y accueille le fils qui, en réclamant sa part d'héritage et quittant la maison familiale, ne l'avait cependant pas ménagé. Et, à son fils aîné qui lui reproche sa mansuétude envers le fils indigne, il justifie son attitude en l'appelant simplement à ne pas juger : *Toi, mon enfant, tu es toujours avec moi, et tout ce qui est à moi est à toi. Mais il fallait bien festoyer et se réjouir, puisque ton frère que voilà était mort et il est revenu à la vie ; il était perdu et il est retrouvé !* (Lc **15**,31-32).

Si Dieu est bien celui qui se dévoile (au moins partiellement) dans l'enseignement de Jésus, la question que nous ne pouvons pas éviter est-celle-ci : qu'est-ce qui est important dans la révélation par Jésus que Dieu est Père ? En révélant cela, Jésus dévoile une des *traces* de Dieu dans sa création. Comme l'exprime encore Jacques Ellul : *Jésus nous apprend que Dieu est Père. Ainsi je crois que nous tenons deux bouts de la chaîne, celle-ci étant plongée dans les ténèbres. D'un côté Dieu est effectivement inconnaissable, Il est au-delà de tout ce que je puis comprendre ou être, Il est parfaitement caché, Il est vraiment le Tout Autre dont je ne sais rien dire. Mais de l'autre, Il est le Père et c'est en tant que Tout Autre qu'Il est Père et c'est en tant que Père qu'il est Tout Autre.*[4]

Si Jésus est un prophète dans la lignée des grands prophètes d'Israël, il y a cependant une rupture de ton entre la plupart des textes de la Bible hébraïque et ceux des Évangiles. Car ce qui frappe en premier lieu à la lecture de ces textes, ce sont les propos tenus par Jésus, souvent subversifs par rapport à tout ce qui constituait l'univers religieux, politique, économique, social et culturel d'Israël. Je reprends tel ou tel cas particulièrement flagrant.[5]

---

[4] J. Ellul, *Ce que je crois*, p. 230, Grasset, Paris, 1987.

[5] Voir : Jacques Ellul, *La subversion du christianisme*, Seuil, Paris, 1984.

Tout d'abord à l'égard du culte. Subversion mise en évidence dans l'Évangile selon Jean à l'occasion de la rencontre entre Jésus et une Samaritaine : *Jésus lui dit : "Crois-moi, femme, l'heure vient où ce n'est ni sur cette montagne ni à Jérusalem que vous adorerez le Père. Vous, vous adorez ce que vous ne connaissez pas ; nous, nous adorons ce que nous connaissons, car le salut vient des Juifs. Mais l'heure vient – et c'est maintenant – où les véritables adorateurs adoreront le Père en esprit et en vérité, car tels sont les adorateurs que cherche le Père. Dieu est esprit, et ceux qui adorent, c'est en esprit et en vérité qu'ils doivent adorer"* (Jn 4,21-24).

Prenant le contre-pied de l'attitude des religieux qui demandent que Dieu soit adoré en des lieux bien déterminés, sur le mont Garizim, à Jérusalem, à Rome ou ailleurs, Jésus, face à la femme de Samarie, propose une recherche de Dieu où les cérémonies et les dévotions dans les lieux de culte et de pèlerinage sont remplacées par une démarche plus personnelle. Car si l'idolâtrie se définit comme assujettissement à ce qui enferme et aveugle, alors il faut reconnaître que le religieux peut devenir la forme la plus exacerbée de cette idolâtrie. Ainsi, affirmer que *Dieu est esprit, et ceux qui adorent, c'est en esprit et en vérité qu'ils doivent adorer*, c'est reconnaître l'écart qu'il peut y avoir entre Dieu de son propre côté, et le Dieu des religions, le Dieu de notre côté.

Il y a ensuite subversion à l'égard de la morale. Par exemple lorsque Jésus transgresse des commandements devenus morale. Comme le commandement du sabbat lorsque Jésus ordonne à un infirme guéri de porter son grabat et de marcher le jour du sabbat (Jn **5**,8).[6]

De fait Jésus ne peut supporter les ordres et interdits de ceux qui instituent une morale, qui décident ce qui est bien et ce qui est mal. Ce qui a précisément été la faute du l'Homme dans le jardin en Éden : en prenant le fruit, il acquiert la connaissance, c'est-à-dire la capacité de décider par lui même ce qui bien et ce qui est mal. Car rien ne garantit que ce que l'Homme déclare bien et mal correspond à ce

[6]Ce qui, selon Paul Beauchamp, constitue le seul exemple de flagrante transgression du sabbat par Jésus.

que Dieu avait déclaré bien et mal. Ainsi quand Jésus fait de la transgression de commandements, devenus "morale", une conduite habituelle, quand il encourage ses disciples à en faire autant, ce n'est pas à la morale juive qu'il en a, mais à toute morale.[7]

Il y a encore subversion des règles économiques lorsque Jésus dit que celui qui a travaillé une heure a droit au même salaire que celui qui a travaillé toute la journée. Ceci sans parler du fils prodigue qui a dilapidé son héritage et qui reçoit de son père ce que le fils qui toute sa vie a œuvré auprès de son père n'a jamais obtenu !

On pourrait encore multiplier les exemples de subversion par Jésus de tout ce qui constituait l'univers politique, religieux, économique et social du monde dans lequel il vivait. Par exemple lorsqu'il ne craint pas de toucher des cadavres, de frayer avec des hérétiques, d'entretenir des relations avec des prostituées, de fréquenter des occupants et des collaborateurs, enfin de s'en prendre au temple.

Dans son ouvrage *La subversion du christianisme*, Jacques Ellul a repris en détail et thème par thème, la plupart des trangressions opérées par Jésus au cours sa vie. Je ne peux qu'y renvoyer le lecteur intéressé.

[7] J. Ellul, *La subversion du christianisme*, p. 23-24, Seuil, Paris, 1984.

Il est arrivé dans l'histoire de la Parole, que fut reconnu en celui-ci et pas un autre (mais nécessairement en un lieu et temps configurés par tous), en un tel, en Jésus, le lieu de passage de l'acte créateur en sa plénitude, l'adéquation du nouveau à l'origine. Il a alors été déclaré qu'en cette chair était présente la parole par laquelle le monde fut fait (Jn **1***) ou encore que ce Jésus était à la fois "premier-né de toute créature" et "premier-né d'entre les morts" (Col* **1***,15.18), "par qui il a fait les siècles" (He* **1***,2).*

Paul Beauchamp, *L'un et l'autre Testament*

5
Paul Beauchamp : l'arpenteur de la Bible

Si André Neher est universellement reconnu comme un des commentateurs les plus avisés de la Bible hébraïque, le jésuite Paul Beauchamp est en quelque sorte son *alter ego* chrétien. Cependant, comme il va de soi, les motivations de l'un et de l'autre sont différentes. Si André Neher se dit d'abord motivé par l'enseignement vivant de la tradition juive, Paul Beauchamp, lui, reconnaît que ce qui l'a, plus que tout, mis en mouvement dans sa recherche, c'est de penser que la lecture du premier Testament était le seul passage qui restait ouvert pour dire, aujourd'hui, l'identité de Jésus.

Décédé le 23 avril 2001, en ce temps de Pâques où, selon les paroles de Paul Ricœur, *Mort et Vie s'affrontent dans un duel gigantesque*,[1] Paul Beauchamp dépasse les frontières exégétiques chrétiennes habituelles. Partant du récit des origines de la Genèse pour aboutir à l'entrelacement de toutes les figures bibliques que l'on peut trouver dans le livre de l'Apocalypse, il reste constamment attentif au *trait d'union* entre les écrits de la Bible hébraïque et ceux de la Bible chrétienne.

---

[1] Pierre de Guchteneere me signale que Ricœur ne fait que reprendre le vers de la séquence de la messe de Pâques : *Mors et vita duello conflixere mirando.*

Au commencement Dieu parle

Si, pour Ilya Prigogine, *au commencement était le temps*, pour Paul Beauchamp, *au commencement était la parole*. Le premier chapitre de la Genèse oriente tout son message sur l'importance de la création par la parole. Nous y trouvons pas moins de dix fois l'annonce : *Dieu dit*. Et donc, à l'affirmation d'Ilya Prigogine : *le temps précède l'existence*, répond celle de Paul Beauchamp : *la parole est avant les choses*. Ou encore : *Par là nous apparaît la destination de tous les mythes d'origine, quels qu'ils soient, qui est de retourner l'ordre des apparences. Pour l'ordre apparent, on parle de choses qui existent. Pour l'ordre rétabli, existent des choses qui ont été parlées.*[2]

Pour la première fois dans l'histoire de l'humanité, un auteur, l'auteur biblique, a donné la parole à Dieu. Un homme, à propos duquel nous ne connaissons rien, a osé dire *Dieu dit*. C'est-à-dire a pris sur lui d'affirmer que ce qu'il écrivait était parole de Dieu. Et a donc reconnu dans sa propre parole celle d'un tout autre, un invisible qu'il appelle Dieu.

Reconnaissant que, pour Dieu, créer n'est pas d'abord créer des choses, mais créer le temps par lequel les choses peuvent acquérir du sens, Paul Beauchamp attribue à la parole divine la propriété spécifique de situer le sens dans le temps, dans un rapport entre un commencement et une fin. Et au commencement, c'est la lumière qui est suscitée : *Sans exprimer conceptuellement que Dieu a créé le temps, il s'est rapproché le plus possible de cette idée en introduisant la production du plus immatériel des objets, la lumière, qui partage l'évidence de la parole et sa discontinuité : lumière et parole ne sont perçues qui si les interrompent la nuit, le battement des cils, le silence, le découpage des mots. Ce discontinu fonde le temps et d'abord la semaine.*[3]

À noter encore que, comme dans le cas de la théorie de la relativité d'Einstein, le récit sacerdotal donne, lui également, la priorité au temps. Le rôle du temps dans le contexte de la

[2]P. Beauchamp, *Testament biblique*, p. 21, Bayard, Paris, 2001.

[3]P. Beauchamp, *Création et séparation. Étude exégétique du chapitre premier de la Genèse*, p. 52, Cerf, Desclée de Brouwer, Paris, 1959.

cosmologie contemporaine rejoint en quelque sorte l'instauration du premier jour de la création où l'alternance nuit/jour précède l'alternance haut/bas (ciel/terre). Ou encore, de même que dans la formulation quantique des lois de la Nature, et selon Ilya Prigogine, *le temps précède l'existence*, ainsi dans le récit de la création, *le temps précède l'espace.*

Outre le fait que l'acte de création est le résultat de la parole divine qui crée en *séparant*, Paul Beauchamp insiste encore sur la qualité de *douceur* que revêt la création par la parole. Car une parole est non contraignante. On peut l'écouter ou choisir de l'ignorer, la suivre ou emprunter d'autres chemins, y adhérer ou y renoncer. Et l'Homme sera invité, par la parole, à choisir cette douceur, à s'inspirer de la douceur créatrice de Dieu, à cultiver ses relations en bon père de famille, conscient de ses devoirs et de ses responsabilités. Car un Dieu qui crée par la parole, même si cette parole ne semble pas refléter un sentiment particulier du Créateur, est un Dieu animé par la douceur et par le renoncement à la puissance, un Dieu qui place l'origine sous le signe de sa douceur. La parole humaine, à l'image de celle de Dieu, est alors invitée à être douceur et non pas force.

Ce n'est donc que dans la douceur, le calme et la paix que l'humanité pourra continuer à se créer. Si elle veut *vivre*, et non pas seulement *subsister*, elle devra se tenir hors de toute violence, de toute agressivité, de toute fureur. Violence verbale et violence physique décréent, anéantissent, tuent ; elles s'opposent à la création par la parole. Mais, comme pour la douceur, il faut pouvoir parler de cette violence. Et donc la Genèse en parle. Comme c'est le cas dans les épisodes de Caïn et Abel, mais aussi de Sodome et Gomorrhe.

C'est le propre des grands textes symboliques de pouvoir admettre plusieurs interprétations. Si l'analyse des textes bibliques par Paul Beauchamp est, sous certains aspects, contradictoire, voire même incompatible, avec celle proposée par André Neher, une leçon à tirer de ce type de démarche – où un événement est présenté sous différentes faces – est qu'elle apporte plus qu'une succession de vues contradictoires : elle apporte un lien entre ces vues. Lien qui se trouve être en pratique bien plus signifiant que les contradictions.

L'enseignement de Jésus de Nazareth

L'option pour la foi chez les Chrétiens ne peut faire l'économie d'une réflexion sur l'enseignement que Jésus a, en son temps, dispensé dans les synagogues de son pays. Enseignement qui a marqué le début de toute son action ultérieure. Comme le suggère ce passage de l'Évangile selon Marc qui relate la première action publique de Jésus : *Et ils étaient frappés de son enseignement, car il les enseignait comme ayant autorité, et non pas comme les scribes. Et aussitôt il y avait dans leur synagogue un homme possédé d'un esprit impur, qui cria en disant : "Que nous veux-tu, Jésus le Nazaréen ? Es-tu venu pour nous perdre ? Je sais qui tu es : le Saint de Dieu." Et Jésus le menaça en disant : "Tais-toi et sors de lui." Et le secouant violemment, l'esprit impur cria d'une voix forte et sortit de lui. Et ils furent tous effrayés, de sorte qu'ils se demandaient entre eux : "Qu'est-ce cela ? Un enseignement nouveau, donné d'autorité !"* (Mc **1**,22-27).

Mais en quoi cet enseignement pouvait il être qualifié de *nouveau* ? Selon Paul Beauchamp, la nouveauté d'un enseignement se reconnaît lorsque, à travers la parole d'un homme, on peut dire que c'est Dieu qui s'exprime : *La nouveauté de l'Évangile tient à sa profondeur radicale, c'est-à-dire à sa relation, qui est unique, avec l'origine. Pas de nouveauté plus radicale que celle-ci !*[4]

Ce que Jésus présente à ses auditeurs, c'est donc une relecture des Écritures, une lecture *nouvelle* : le texte lu est en quelque sorte accompli dans le sens où Jésus remonte jusqu'à son origine, jusqu'à sa raison profonde, jusqu'à sa source. Or la source du texte, sa raison profonde, est plus que le texte et lorsque Jésus se situe du côté de cette source, son enseignement est bien un *enseignement nouveau.*

Si l'on souhaite se référer à un autre passage évangélique pour éclairer ce que peut signifier le qualificatif *nouveau*, le mieux est sans doute de se rapporter à ce que Jésus a pu dire du sabbat. Si le traitement du sabbat est d'une complexité

[4]P. Beauchamp, *L'un et l'autre Testament, 2. Accomplir les Écritures*, p. 116, Seuil, Paris, 1990.

qui exige une réflexion approfondie, c'est cependant par une simple maxime qu'il s'illustre le mieux : *Le sabbat a été fait pour l'homme, et non l'homme pour le sabbat ; en sorte que le Fils de l'homme est maître même du sabbat* (Mc **2**,27-28).

Pour un Juif, dire que *le Fils de l'homme est maître même du sabbat* c'est provoquer une révolution. Car, selon la Genèse, Dieu seul est maître du sabbat. La parole de Jésus sur le sabbat est d'autant plus heurtante qu'elle peut être extrapolée à toute loi. Et aboutir ainsi à la sentence : *la loi a été faite pour l'homme, et non l'homme pour la loi.*

Toute l'attitude de Jésus dans la vie courante ratifie cette façon de voir la loi. Façon qui est en accord profond avec ce qu'est réellement une loi. Avec ce que devrait être *toute* loi : *Le sabbat est un jugement qui, en surface, sépare entre ceux qui visiblement l'exécutent et ceux qui visiblement le violent. Mais, en vérité et non plus en surface, il sépare entre ceux qui vont plus loin ou moins loin que son exigence par leur désir, désir qui, lui ne s'arrête pas en chemin et ne peut aller que jusqu'au terme. Ne sont désirées que la vie ou – désir qui nous est incompréhensible et qui nous habite – la mort.*[5]

Mais, pour les Juifs tels qu'ils sont présentés par les évangélistes, la transgression sur le sabbat est dangereuse. Implicitement elle rapproche de celle que le Serpent suggérait dans le jardin d'Éden : manger de l'arbre de la connaissance du bien et du mal pour se faire comme Dieu. En disant : *le Fils de l'homme est maître même du sabbat* Jésus voudrait donc se faire égal à Dieu. Or, plutôt que de récuser cette égalité, Jésus va nous montrer en quoi elle consiste : *L'égalité consiste d'abord dans le partage de la connaissance : "Le Père aime le Fils et lui* montre *tout ce qu'il fait" (Jn* **5***,20). Le Serpent tentateur avait dessiné, lui, le portrait d'un Dieu qui cache ! Et qui interdit, dans ce but, l'arbre de la connaissance. "Dieu sait" (Gn* **3***,5) et ne dit pas. Or voici que Jésus, qui va au-delà du sabbat dans la direction de sa profondeur, suggère qu'il le traverse comme il le ferait d'un voile.*[6]

[5]P. Beauchamp, *D'une montagne à l'autre*, p. 179, Seuil, Paris, 1999.

[6]P. Beauchamp, *L'un et l'autre Testament, 2. Accomplir les Écritures*, p. 312, Seuil, Paris, 1990.

Le Dieu de Jésus est d'abord un Dieu qui *montre*. Pour éclairer ceci, Paul Beauchamp s'appuie sur l'Évangile selon Jean : *En vérité, en vérité, je vous le dis, le Fils ne peut rien faire de lui-même, qu'il ne le voie faire au Père ; ce que fait celui-ci, le Fils le fait pareillement. Car le Père aime le Fils, et lui montre tout ce qu'il fait ; et il lui montrera des œuvres plus grandes que celles-ci, à vous en stupéfier* (Jn **5**,19-20). Il met ensuite ce passage en perspective avec celui de la Genèse où le Serpent présente Dieu comme un Dieu qui cache, qui ne veut pas partager la connaissance : *Mais Dieu sait que, le jour où vous en mangerez* [du fruit de l'arbre], *vos yeux s'ouvriront et vous serez comme des dieux, qui connaissent le bien et le mal* (Gn **3**,5).

Dans le récit de la Genèse, Dieu avait été présenté par le Serpent comme un Dieu qui cachait, un Dieu jaloux qui souhaitait se réserver la connaissance du bien et du mal. Jésus au contraire dessine le portrait d'un Dieu qui montre, qui souhaite partager sa connaissance. Dans sa comparaison, Jésus s'inspire de la vie quotidienne où le fils apprenait tout du métier de son père. Il dévoile en cela le véritable visage du père : *Comme le Père en effet ressuscite les morts et leur redonne vie, ainsi le Fils donne vie à qui il veut* (Jn **5**,21).

Donner vie à qui il veut, telle est *l'œuvre encore plus grande* que le Père montre au Fils. Aussi, Paul Beauchamp conclut : *Le Père montre à Jésus tout ce qu'il fait. Ainsi le Père montre au Fils comment donner la vie. L'arbre de la vie et l'arbre de la connaissance ne font qu'un ; l'accès en est pleinement ouvert au Fils, nous dit Jésus par saint Jean. Combien est-il de pères à montrer à leur fils, hors de toute jalousie, comment la vie se donne ? Combien en est-il, au contraire, par qui la loi est détournée en mauvais secret et en mainmise, précisément en ce domaine ? Jésus a choisi le jour du sabbat pour dire qui est le vrai Père. Il a fait plus : à travers ce qu'il dit en Jn* **5**, *nous sentons en quoi consistera le huitième jour. Il consacrera l'essence de la nouveauté. Si le septième jour consacrait le don de la vie, le huitième célébrera le don de la vie... offert aux morts. Ce don reste encore voilé dans l'œuvre de ce sabbat, mais Jésus peut conclure ses propos de la journée en disant : "Si vous* *croyiez Moïse, vous me croiriez aussi, car c'est de moi qu'il a écrit" (Jn* **5**,*46).*[7]

Dans son patient déchiffrement des textes de la Bible, Paul Beauchamp s'attelle à dépasser le schéma des commentaires habituels afin de décrire cette boucle qui, selon ses propres termes, montre que *le fil n'est pas rompu, en sorte qu'apparaît la continuité qui va du Dieu créateur au Dieu de l'Exode, enfin au Dieu qui se manifeste en Jésus.* Ce qui permet de pointer vers un miracle, d'une autre nature, et plus profond que tous ceux racontés au fil des Livres. À savoir le miracle du récit biblique qui, *par rien d'autre que par la manière dont il parle, témoigne seul de sa vérité, c'est-à-dire du corps invisible qui l'anime et dont il est l'empreinte.*

Autrement dit, si l'itinéraire biblique qui va du Dieu de la Genèse qui crée par la parole, c'est-à-dire par un acte de douceur et non de violence pour ensuite partager sa connaissance, au Dieu Père de Jésus en passant par le Dieu de l'Exode qui nourrit son peuple par la manne que donnait Moïse au désert, si cet itinéraire n'est pas pris en compte, c'est tout le sens du récit biblique qui est perdu. Car cet itinéraire n'a plénitude de sens que parce qu'il joint les extrêmes. Raison pour laquelle l'Évangile selon Jean n'hésite pas à remonter jusqu'à l'origine du monde :

> *Au commencement était le Verbe*
> *et le Verbe était avec Dieu et le Verbe était Dieu.*
> *Il était au commencement avec Dieu.*
> *Tout fut par lui, et sans lui rien ne fut.*

[7] P. Beauchamp, *L'un et l'autre Testament, 2. Accomplir les Écritures*, p. 313-314, Coll. Parole de Dieu, Seuil, Paris, 1990.

La loi de Dieu

Au temps de Jésus, les croyants en Israël et les théologiens du judaïsme étaient divisés à propos du rôle que la Loi devait jouer dans la vie quotidienne. Il n'est donc pas surprenant que, dans le premier discours que l'évangéliste Matthieu attribue à Jésus, le *Sermon sur la montagne*, on trouve la position de Jésus à propos de paroles du Décalogue et de la Torah : *N'allez pas croire que je sois venu abolir la Loi ou les Prophètes : je ne suis pas venu abolir, mais accomplir. Car je vous le dis, en vérité : avant que ne passent le ciel et la terre, pas un i, pas un point sur l'i, ne passera de la Loi, que tout ne soit réalisé* (Mt **5**,17-18).

Il est impossible d'être plus clair relativement à son attachement à la lettre de l'enseignement de Moïse. Et c'est à partir de cet attachement parfait que Jésus va ensuite se positionner, tout d'abord par rapport à trois paroles du Décalogue, ensuite par rapport à trois paroles de la loi de Moïse. Sélection qui est significative car elle indique l'importance extrême que Jésus accorde aux relations entre les humains. Quant à la forme qu'il donne à ses commentaires, il fait précéder chacun d'entre eux par : *Vous avez entendu qu'il a été dit aux ancêtres*, pour ensuite énoncer sa propre interprétation introduite par : *Eh bien ! moi je vous dis* :

Vous avez entendu qu'il a été dit aux ancêtres : Tu ne tueras point *; et si quelqu'un tue, il en répondra au tribunal. Eh bien ! moi je vous dis : Quiconque se fâche contre son frère en répondra au tribunal ; mais s'il dit à son frère : "Crétin !", il en répondra au Sanhédrin ; et s'il lui dit : "Renégat !", il en répondra dans la géhenne de feu* (**5**,21-22).

Vous avez entendu qu'il a été dit : Tu ne commettras pas l'adultère. *Eh bien ! moi je vous dis : Quiconque regarde une femme pour la désirer a déjà commis, dans son cœur, l'adultère avec elle* (**5**,27-28).

Vous avez encore entendu qu'il a été dit aux ancêtres : Tu ne te parjureras pas, mais tu t'acquitteras envers le Seigneur de tes serments. *Eh bien ! moi je vous dis de ne pas jurer du tout* (**5**,33-34).

À ces trois paroles, Jésus en ajoute encore trois autres :

Il a été dit d'autre part : Quiconque répudiera sa femme, qu'il lui remette un acte de divorce. *Eh bien ! moi je vous dis : Tout homme qui répudie sa femme, hormis le cas de "prostitution", l'expose à l'adultère ; et quiconque épouse une répudiée commet un adultère* (**5**,31-32).

Vous avez entendu qu'il a été dit : Œil pour œil et dent pour dent. *Eh bien ! moi je vous dis de ne pas tenir tête au méchant : au contraire, quelqu'un te donne-t-il un soufflet sur la joue droite, tends-lui encore l'autre* (**5**,38-39).

Vous avez entendu qu'il a été dit : Tu aimeras ton prochain *et tu haïras ton ennemi. Eh bien ! moi je vous dis : Aimez vos ennemis, et priez pour vos persécuteurs, afin de devenir fils de votre Père qui est aux cieux, car il fait lever son soleil sur les méchants et sur les bons, et tomber la pluie sur les justes et les injustes* (**5**,43-44).

Paroles qui, si elles proviennent bien de la Torah, ne figurent pas dans le Décalogue

Paul Beauchamp observe encore que l'attitude de Jésus vis-à-vis des trois paroles du Décalogue et des trois paroles de la Loi de Moïse est symétrique : d'une part Jésus appuie les paroles du Décalogue dans le sens d'un renforcement et d'autre part il affaiblit celles de la Loi de Moïse dans le sens d'une limitation de ses effets.

Avant de laisser à Paul Beauchamp le soin de commenter cette attitude de Jésus, penchons-nous un instant sur l'impossible tâche de concilier deux paroles apparemment inconciliables que l'on trouve dans l'Évangile selon Matthieu : *Car le Fils de l'homme est maître du sabbat* (Mt **12**,8).[8] Et : *Jésus leur disait : "N'allez pas croire que je sois venu abolir la Loi ou les Prophètes : je ne suis pas venu abolir, mais accomplir"* (Mt **5**,17).

Tant au niveau de la cohérence interne du discours de Jésus qu'au niveau de l'historicité des paroles prononcées, l'enquête s'avère difficile. Il faut tout d'abord se souvenir du

[8]Ceci sans parler de ce que l'on trouve dans Marc : *Jésus leur disait : "Le sabbat a été fait pour l'homme, et non l'homme pour le sabbat ; en sorte que le Fils de l'homme est maître même du sabbat"* (Mc **2**,27-28).

contexte rédactionnel de l'Évangile selon Matthieu. Ainsi, le passage **5**,17 ne se trouve, sous cette forme, que dans le texte de Matthieu, un hébraïsant qui écrit en priorité pour des judéo-chrétiens. Il s'ensuit que l'authenticité de cette parole de Jésus est sujette à discussion.

Si de nombreux exégètes attribuent actuellement à ces dits de Jésus une origine purement rédactionnelle de l'évangéliste (qui aurait voulu se concilier un auditoire largement composé de Juifs), d'autres défendent une opinion contraire. Ainsi Joachim Jeremias insiste sur le sens du présent des verbes araméens originaux supposés à la base du texte pour défendre l'idée que Jésus a réellement prononcé ces paroles. En tout état de cause, il serait inopportun de n'attribuer à ce passage aucun fondement historique. Et donc, face à ces deux versets (Mt **5**,17 et Mt **12**,8, mais aussi Mc **2**,27-28) apparemment contradictoires, nous sommes amenés à nous interroger, moins sur des paroles de Jésus (on risque toujours d'être mal compris, ou d'être pris au mot alors qu'il ne le faudrait pas) que sur son comportement. Ou, autrement dit, il faudrait toujours qu'une parole de Jésus soit renvoyée à sa façon d'être.

Et sa façon d'être, c'est celle face à la femme soupçonnée d'adultère, ou celle en présence d'une prostituée qui vient lui oindre les pieds, ou lorsqu'il fraie avec une Samaritaine, c'est-à-dire avec une hérétique. Quel étrange attitude aussi que celle d'oser s'en prendre au temple, lieu sacré par excellence. Et donc, en tout état de cause, ni le comportement de Jésus, ni son enseignement ne sont ceux d'un maître qui encouragerait ses disciples à un zèle redoublé pour quelque prescription légale que ce soit, ou qui les mettrait en garde contre une transgression d'un commandement ou d'une coutume. Alors ? Alors, laissons la conclusion à Paul Beauchamp : *En six prises de position devant six articles fondamentaux, c'est bien face à la promulgation sinaïtique de la loi que Jésus émet sa propre parole. Ceci mérite toute notre attention. En face d'un "Il a été dit..." se fait entendre un "Moi je vous dis...". La question se pose d'emblée : s'agit-il d'un affrontement entre deux paroles, la deuxième venant con-*

tredire la première ? Une réponse a été donnée avec "... N'allez pas croire que je sois venu abolir la loi ou les prophètes : je ne suis pas venu abolir, mais accomplir". "N'allez pas croire" : on le croyait donc. Certains avaient ainsi entendu l'enseignement de Jésus, les uns pour se dispenser de la loi et les autres pour condamner Jésus au nom de cette loi. Mais s'il y a quelque chose de plus bouleversant qu'un prophète qui contredirait le Décalogue, c'est bien un prophète qui situe sa propre voix au même niveau que celui où le Décalogue a été prononcé. Les foules comprennent cela et l'expriment en un mot très simple : "autorité", qui suffit à distinguer l'enseignement de Jésus de celui des scribes : "Il les enseignait en homme qui a autorité et non pas comme leurs scribes." (...) Le seuil qui est franchi par l'Évangile, c'est celui que Jésus a franchi en se plaçant lui-même au lieu d'où Moïse parlait. Ce faisant, ce n'est pas seulement un texte qu'il reprend. C'est un événement qu'il recrée et qu'il dépasse, l'événement du Sinaï lui-même. Que serait la loi sans la Présence ? L'exégèse des paroles de Jésus et les commentaires même les meilleurs risquent de faire oublier le corps, la bouche d'où elles sortent, l'air, l'esprit, la musique de celui qui parle. Il a été là, Jésus, qui parlait depuis cette montagne. Ce n'est pas cela, d'ailleurs, qui est nouveau. On oublie vite, aussi, que la Torah n'a jamais parlé toute seule. Le Sinaï était lieu pour la présence du Dieu d'Israël. Autrement, cette loi ne serait rien. "Sur la montagne, au milieu du feu, YHWH vous a parlé", dit Moïse. Et le peuple reprend : "Voici que nous avons vu YHWH notre Dieu, sa gloire et sa grandeur, et que nous avons entendu sa voix du milieu du feu" (Dt **5**,*4,24). D'une montagne à l'autre, l'événement créé par Jésus n'est pas moindre.*[9]

[9]P. Beauchamp, *D'une montagne à l'autre. La Loi de Dieu*, p. 118, 128, Seuil, Paris, 1999.

Dire que la mort est passage, c'est affirmer qu'elle n'équivaut pas à l'anéantissement pur et simple de celui qui meurt. Celui qui meurt ne périt pas simplement comme n'importe quel vivant mais décède, *s'en va en nous laissant, nous qui sommes toujours des survivants. Décéder n'est pas finir, c'est encore une autre relation. (...) Rien ne résiste à la mort, que le relationnel et non pas le spirituel; rien ne transcende la mort, que la relation avec autrui. (...) La mort n'est pas simple anéantissement, elle est encore relation, relation de départ, d'adieu, de marche à l'infini, elle est encore ouverture du temps pour les autres.*

Étienne Feron, *Phénoménologie de la mort*

6
Vladimir Jankélévitch : disciples d'Emmaüs

Ce n'est qu'après le décès d'une personne que l'on peut reconnaître le sens transcendant de sa relation avec autrui. Cette façon de voir les choses, de faire sens en passant, en ne faisant que passer, est bien exprimée dans l'Évangile selon Luc où les disciples d'Emmaüs ne reconnaissent Jésus qu'à l'instant où, par ses paroles et par ses gestes, ils retrouvent la trace relationnelle de celui qui est décédé. Le récit de Luc fait partie de ces textes où, comme dans certains textes poétiques, peut surgir ce que Bernard d'Espagnat appelle la *fulgurance de la vérité*. Fulgurance de la vérité qui est *saisie de l'être*, dévoilement du *fond des choses*, approche de ce *Je-ne-sais-quoi*, de ce *Presque-rien* cher à Vladimir Jankélévitch, ou encore perception de cet *éclair de la rencontre* qu'évoque Éric Binet.

Située au pieds des monts de Judée, la localité d'Emmaüs est sur la route qui part de la plaine et se dirige vers Jérusalem. C'est là que Luc situe le théâtre de l'apparition de Jésus à deux de ses disciples. Le texte de la Bible de Jérusalem précise que le *village du nom d'Emmaüs est distant de Jérusalem de soixante stades*. D'autres manuscrits font état de cent soixante stades. Quant à la traduction liturgique, elle situe Emmaüs à deux heures de marche de Jérusalem.

C'est pourquoi il est difficile de localiser le lieu avec exactitude. Actuellement, on montre quatre sites susceptibles de porter ce nom. Mais l'épisode d'Emmaüs ne sera fidèle à son caractère symbolique et au mystère qu'il renferme que si nous cessons de nous crisper sur une invérifiable matérialité des faits. Que si nous acceptons que le récit doit moins être vu comme une manifestation matérielle de la réanimation d'un cadavre qui revient à la vie que comme l'expérience relationnelle accompagnant un départ qui me rappelle à ma vocation : celle d'être désormais le témoin de celui qui est parti, de sa vision de la relation à l'autre, mais aussi d'être le prochain de ceux qui restent. Dans le prolongement de cette vue des choses, il n'est pas interdit de conserver l'espoir de retrouver, par-delà la mort, ceux que nous avons aimés.

L'Évangile de Luc ne contient que deux christophanies. La première, celle qui concerne précisément les pèlerins d'Emmaüs, est propre à cet évangéliste qui lui consacre un long développement. Ce récit, qui ne contient aucun envoi en mission, revêt chez Luc une importance considérable. Le lecteur s'y identifie en effet aisément aux deux disciples qui, après avoir conversé sur la route avec un inconnu, en viennent à reconnaître en lui, à l'occasion d'un souper dans le village d'Emmaüs, leur Seigneur ressuscité. Ce récit devait particulièrement plaire à Luc, cet évangéliste tout spécialement à l'écoute des émotions et des sentiments humains. Chez Luc, le récit des pèlerins d'Emmaüs est le fil conducteur d'une illumination autour de laquelle toute la réalité postpascale va pouvoir s'organiser, se raconter, et permettre ainsi aux disciples de désormais à nouveau *vivre*, et pas seulement de *subsister*. Il ne s'agit donc pas ici d'un récit historique. Le but de la fiction n'est cependant pas d'inventer une réalité mais de l'aménager autrement. Vérité cachée, mais à propos de quelque chose qui s'est vraiment passé :

Et voici que, ce même jour, deux d'entre eux faisaient route vers un village du nom d'Emmaüs, distant de Jérusalem de soixante stades, et ils conversaient entre eux de tout ce qui était arrivé. Et il advint, comme ils conversaient et discutaient ensemble, que Jésus en personne s'approcha, et il faisait route avec eux ; mais leurs yeux étaient empêchés de le reconnaître. Il leur dit: "Quels sont donc ces propos que vous échangez en marchant?" Et ils s'arrêtèrent, le visage sombre. Prenant la parole, l'un d'eux, nommé Cléophas, lui dit: "Tu es bien le seul habitant de Jérusalem à ignorer ce qui y est arrivé ces jours-ci!" – "Quoi donc?" leur dit-il. Ils lui dirent: "Ce qui concerne Jésus le Nazarénien, qui s'est montré un prophète puissant en œuvres et en paroles devant Dieu et devant tout le peuple, comment nos grands prêtres et nos chefs l'ont livré pour être condamné à mort et l'ont crucifié. Nous espérions, nous, que c'était lui qui allait délivrer Israël; mais avec tout cela, voilà le troisième jour depuis que ces choses sont arrivées! Quelques femmes qui sont des nôtres nous ont, il est vrai, stupéfiés. S'étant rendues de grand matin au tombeau et n'ayant pas trouvé son corps, elles sont revenues nous dire qu'elles ont même eu la vision d'anges qui le disent vivant. Quelques-uns des nôtres sont allés au tombeau et ont trouvé les choses tout comme les femmes avaient dit; mais lui, ils ne l'ont pas vu!" Alors il leur dit: "Ô cœurs sans intelligence, lents à croire à tout ce qu'ont annoncé les Prophètes! Ne fallait-il pas que le Christ endurât ces souffrances pour entrer dans sa gloire?" Et, commençant par Moïse et parcourant tous les Prophètes, il leur interpréta dans toutes les Écritures ce qui le concernait. Quand ils furent près du village où ils se rendaient, il fit semblant d'aller plus loin. Mais ils le pressèrent en disant: "Reste avec nous, car le soir tombe et le jour déjà touche à son terme." Il entra donc pour rester avec eux. Et il advint, comme il était à table avec eux, qu'il prit le pain, dit la bénédiction, puis le rompit et le leur donna. Leurs yeux s'ouvrirent et ils le reconnurent... mais il avait disparu de devant eux. Et ils se dirent l'un à l'autre: "Notre cœur n'était-il pas tout brûlant au-dedans de nous, quand il nous parlait en chemin, quand il nous expliquait les Écritures?" À cette heure même, ils partirent et s'en retournèrent à Jérusalem. Ils trouvèrent réunis les Onze et leurs compagnons, qui dirent: "C'est bien vrai! le Seigneur est ressuscité et il est apparu à Simon!" Et eux de raconter ce qui s'était passé en chemin, et comment ils l'avaient reconnu à la fraction du pain (Lc **24**,13-35).

Le récit s'était ouvert sur une interrogation : les deux disciples s'entretenaient de *tout ce qui était arrivé.* Sans doute les disciples ne se souvenaient que trop bien des paroles et des actes de Jésus, de sa chaleur humaine, de l'aura qui entourait son être. La mort encore une fois n'est pas un simple événement biologique. Le mort est parti sans laisser de réponse, et pour tous ceux qui restent, la place laissée vide est désormais immense. Et l'interrogation lancinante. Mais ici, sur le chemin d'Emmaüs, au moment où ce sentiment de vide se concrétise par un échange de paroles, celui dont on parle s'approche, comme dans un rêve : *Quels sont donc ces propos que vous échangez en marchant ?*

On aimerait parler avec Adolphe Gesché de *pudeur*, ou encore de *retenue*, de *réserve.* Avec Jacques Derrida de *suspension*, de *tact*, de *révélabilité.* Avec Emmanuel Levinas d'*intervalle de discrétion.* Avec Maurice Merleau-Ponty de *ce* logos *qui se prononce silencieusement dans chaque chose sensible.* Avec Thomas Mann du *respect interrogateur.* [1] Avec Henri Bergson de *l'intuition des choses demeurées aux franges extrêmes de l'intelligence.* Avec Bernard d'Espagnat de ces *intuitions de choses situées au-delà des mots.*

La quête des disciples d'Emmaüs devient ici le fil conducteur par lequel une réalité jusque là voilée va s'organiser. Quête qui va permettre de discerner quelque chose qui existe bel et bien, mais qui se trouve encore caché. Quête qui s'appuie sur l'affectivité et à laquelle le mystérieux compagnon va donner un nouvel élan, un nouveau sens.

Le récit se termine sur le coup de théâtre inattendu de la reconnaissance. Et le mouvement insaisissable par lequel le voyageur tout à coup se dévoile aux deux disciples est ce qui restera pour les siècles des siècles : dès que les disciples reconnaissent dans le pain bénit, rompu et distribué, la présence du Christ, son corps de chair, il avait disparu de devant eux : *Ils l'ont reconnu dans un geste, et pas même dans un geste : dans l'esquisse d'un geste ; dans un tressaillement, dans un battement de paupières et dans le croisement*

[1] Auteurs cités par Adolphe Gesché, *Dieu pour penser, VI. Le Christ*, p. 151, Cerf, Paris, 2001.

de deux regards. Un instant pour entr'apercevoir l'apparition disparaissante, toute la vie ensuite pour se frotter les yeux et pour en parler ! Ce qu'Éric Binet appelle le chemin de la reconnaissance aboutit ainsi à l'éclair de la rencontre.[2]

Le texte de Luc est doté d'un sens profond, d'un puissant pouvoir de suggestion. Pour le commenter, pour conserver et exalter cette révélation de la troublante proximité entre les pèlerins d'Emmaüs et leur Maître disparu, il faut utiliser un autre langage que celui du commentaire. La paraphrase poétique réussit là où la prose habituelle échoue. L'*apparition disparaissante* de Jésus a été commentée par le philosophe Vladimir Jankélévitch. Après avoir rappelé que beaucoup de peintres, et parmi eux Caravage et Titien, ont été fascinés par l'apparition disparaissante dans l'auberge d'Emmaüs, Jankélévitch fait débuter son analyse par l'évocation de la vision de Rembrandt, moins théâtrale, mais incomparablement plus profonde et plus mystérieuse :

Certes, Jésus, devant la petite table, paraît être chez Rembrandt le président du repas ; mais ce président qui préside le plus frugal des repas a le visage d'un innocent ; il ressemble à Nikolka, l'innocent de Boris Godounov, *qui pleure en pensant aux malheurs du peuple russe. Et si par hasard Nikolka l'innocent était justement le Messie ? Celui que personne ne reconnaît ? La lumière qui chez Rembrandt rayonne autour de cette figure, et qui éclaire les recoins obscurs de l'auberge, cette lumière à son tour ne vient pas, comme chez les saints, d'une auréole bien circulaire placée autour de la tête : l'auréole des saints est simplement, dans la peinture pieuse, le signe distinctif et l'attribut conventionnel de la sainteté... Chez Rembrandt la lumière est irradiée par la présence elle-même ; et ce n'est pas le rayonnement d'une splendeur glorieuse, mais une lueur mystique dans les profondeurs de l'auberge enténébrée. C'est une humble lueur, fragile comme la flamme d'une chandelle. Loin d'éblouir les yeux des disciples, elle détermine une révolution dans leur regard intérieur. Cette conversion est l'épignose.*

[2] V. Jankélévitch, *Le Je-ne-sais-quoi et le Presque-rien. 2. La méconnaissance. Le Malentendu*, p. 178, Coll. Points, Seuil, Paris, 1989.

La lueur timide et fugitive, l'instant-éclair, le silence, les signes évasifs – c'est sous cette forme que choisissent de se faire reconnaître les choses les plus importantes de la vie. Il n'est pas facile de surprendre la lueur infiniment douteuse, ni d'en comprendre le sens. Cette lueur est la lumière clignotante de l'entrevision dans laquelle le méconnu soudainement se reconnaît. Plus impalpable que le dernier soupir de Mélisande, la lueur mystérieuse ressemble à un souffle léger... Il faut une oreille très attentive pour percevoir l'imperceptible chuchotement, pour entendre l'inaudible pianissimo, pour comprendre le "doux et subtil murmure" où le premier livre des Rois disait que Dieu annonce au prophète Élie sa présence. Et il faut de même une lucidité suraiguë et une célérité sans défaillance pour surprendre la petite étincelle, l'élément différentiel, la diaphora *infinitésimale qui apparaît et disparaît dans la fulguration de l'instant.*

L'homme qui a reconnu, fût-ce une seule fois dans sa vie, fût-ce le temps d'un éclair, la pureté et l'innocence longtemps méconnues, pourra dire lui aussi : j'ai soupé hier soir à l'auberge avec un voyageur inconnu ; il avait je ne sais quoi de lointain dans le regard ; son visage était doux et fatigué ; sur ses sandales on voyait encore la poussière des chemins. Et cet inconnu était un dieu. Et cet inconnu était Dieu.[3]

Le chemin de foi des pèlerins d'Emmaüs est celui éminemment personnel de l'émotion, du ressenti, de l'affectif, de l'intimité nouvelle, de la paradoxale proximité, de la *fulgurante vérité*. Cette vérité ne doit pas être confondue avec la vérité scientifique ni avec les professions de foi que les religions demandent à leurs fidèles. Le dessillement des yeux des pèlerins d'Emmaüs ne vient pas du dehors mais du dedans. Dans le Premier Testament c'est également le cas dans le rêve de Jacob lorsqu'il s'écrie : *En vérité, Yahvé est en ce lieu et je ne le savais pas !* Le cri des pèlerins d'Emmaüs comme celui de Jacob et de bien d'autres est celui qui accompagne toute révélation : reconnaissance d'une présence, mais seulement une fois que cette présence a disparu. Vladimir

[3] V. Jankélévitch, *Le Je-ne-sais-quoi et le Presque-rien. 2. La méconnaissance. Le Malentendu*, p. 178-179, Coll. Points, Seuil, Paris, 1989.

Jankélévitch parle de *la tangence de l'entrevision.* Les yeux des disciples d'Emmaüs, comme ceux de Jacob, s'ouvrent au moment même où la vision disparaît. Vision fugitive de ce *fond des choses*, incommensurable avec la nature humaine, même si notre esprit n'y est pas totalement étranger. Vision que le langage poétique rend le mieux parce qu'il est ouverture du temps et de l'espace de notre monde vers cet autre monde, celui où une autre mélodie nous convie : celle de la poésie. Car s'il est intéressant de prospecter tous les modes de la connaissance pour approcher du réel, c'est peut-être encore le langage poétique qui s'y prête le mieux. Les poètes ne le contesteront pas :

C'est cet admirable, cet immortel instinct du Beau qui nous fait considérer la terre et ses spectacles comme un aperçu, comme une correspondance du Ciel, a dit Charles Baudelaire dans ses notes à propos de l'œuvre d'Edgar Allan Poe. Allant même jusqu'à déclarer : *La soif insatiable de tout ce qui est au delà, et que révèle la vie, est la preuve la plus vivante de notre immortalité. C'est à la fois par la poésie et* à travers *la poésie, par et* à travers *la musique que l'âme entrevoit les splendeurs situées derrière le tombeau.*

Ainsi, et selon Charles Baudelaire, la poésie, la beauté, la musique participeraient, elles également, au dévoilement de ce qu'il y a *derrière le tombeau.* Et donc, au même titre que la bonté (*nul n'est bon que Dieu seul*, avait dit Jésus de Nazareth, Lc **18**, 19), l'amour et le pardon, les arts, laisseraient entrevoir quelque lueur au delà de nos modèles proprement humains. Car ils ouvrent un chemin vers la croyance première :

> *La cendre – nous murmure le poète –, n'est pas mon héritage, seul le feu…*
> *C'est la même vague qu'autrefois, la bien-aimée, c'est elle qui flamboie.*[4]

[4] Avrom Sutzkever, cité par : Claude Vigée, *L'héritage du feu*, p. 12, Mame, Paris, 1992.

Yahvé dit à Abram : "Quitte ton pays, ta parenté et la maison de ton père, pour le pays que je t'indiquerai. Je ferai de toi un grand peuple, je te bénirai, je magnifierai ton nom ; sois une bénédiction ! Je bénirai ceux qui te béniront, je réprouverai ceux qui te maudiront. Par toi se béniront tous les clans de la terre."

Genèse **12**,1-3

7
d'Espagnat : appels de l'Être

Quitte ton pays, ta parenté et la maison de ton père, pour le pays que je t'indiquerai.

L'histoire d'Abraham débute par un appel à partir, à s'éloigner, à s'arracher de son environnement et à regarder au loin. Dans son livre *Le Sacrifice interdit*, Marie Balmary propose une relecture de l'*appel* adressé à Abraham ; relecture actualisée notamment par la psychanalyse et par la linguistique. Afin de revisiter les interprétations habituelles de l'*appel*, la psychanalyste s'appuie sur la traduction d'André Chouraqui du verset 1 :

IHVH dit à Abrâm : "Va pour toi, de ta terre, de ton enfantement, de la maison de ton père, vers la terre que je te ferai voir."

Selon cette traduction, l'appel divin peut également être interprété comme une invitation faite à Abraham à entreprendre une cure pour *aller vers lui*, pour trouver sa place dans la création, pour établir avec l'autre des relations justes. Dans cette optique, Dieu tient le rôle de thérapeute ; pour aller vers lui-même, pour *parvenir à sa vie propre*, Abraham est invité à quitter son pays, le corps maternel et la maison paternelle. Abraham, allant vers lui-même, va vers la

Terre que Yahvé lui fera voir, vers la Terre de la relation, celle qu'Adam et Ève avaient vainement essayé de découvrir dans le Jardin en Éden : *Pour parvenir à sa propre vie, qui n'a à sortir de successives matrices ? Les cures par la parole ne tiennent leur efficacité, dit-on, que de la "prise de conscience". N'est-ce pas la formulation scientifique du "va vers toi" ?*[1]

Si Marie Balmary s'appuie sur son expérience de psychanalyste pour interpréter l'appel lancé à Abraham, Bernard d'Espagnat y voit plutôt ce qu'il nomme *appel de l'Être.* Où la notion d'Être sert d'abréviatif pour traduire notre croyance en une *réalité en soi*, en une *réalité-de-derrière-les-choses.* Ou encore en un *je-ne-sais-quoi et presque-rien*, cher à Vladimir Jankélévitch. Et c'est dans ce sens que peut se poser la question de la pertinence qu'il y a à parler d'*appels de l'Être.* Pour donner consistance à cette notion Bernard d'Espagnat propose un exemple : *Quiconque a, la nuit, longé quelque grève a eu l'intuition de choses situées au-delà des mots. J'aime à penser que certaines de ces intuitions ne sont pas "pâtures de vent".*[2]

Dans la vie de tous les jours, les *appels de l'Être* peuvent se confondre avec des choses toutes simples, comme un moment de réceptivité particulière, une rencontre, une réconciliation, un instant de communion intense avec une personne. Ou, tout simplement, avec une *vocation.* Que ce soit une vocation professionnelle, relationnelle ou affective. Et, ici également, pour clarifier ce que j'entends par *vocation*, et par *appel*, je voudrais faire état d'un exemple. Il s'agit d'un fait de vie rapporté par le prêtre (contestataire et rebelle) Jean Kamp dans un de ses ouvrages. Je me sens d'autant plus libre d'en parler que, au cours de plusieurs échanges que j'ai eus avec lui, il a tenu à me confirmer sa propre stupéfaction face à ce qui lui était arrivé.

[1] M. Balmary, *Le sacrifice interdit. Freud et la Bible*, p. 129-130, Grasset, Paris, 1986.

[2] B. d'Espagnat, *Le réel voilé. Analyse des concepts quantiques*, p. 458, Coll. le temps des sciences, Fayard, Paris, 1994.

Je devais avoir à peine dix-sept ans. La guerre battait son plein. La retraite traditionnelle de fin d'Humanités, appelée jadis "Retraite de vocation" et qui se faisait normalement dans quelque abbaye retirée, se déroulait cette année-là discrètement à l'intérieur des murs mêmes du collège: la guerre a ses impératifs et ses restrictions. À l'époque la foi catholique ne me posait aucun problème. Bien au contraire: elle était la lumière à partir de laquelle s'éclairaient pour moi tous les problèmes et toutes les questions que me posaient déjà la vie et le monde. Cette retraite de vocation me paraissait cependant un peu inutile: j'étais bien décidé à ne pas me faire prêtre. Ma voie, me semblait-il, était de toute évidence autre part. Où, je n'en avais aucune idée encore. Cela m'inquiétait d'ailleurs et ce n'était pas sans appréhension que je voyais approcher le moment où je devrais affronter une vie qui, avec ses questions et ses incertitudes et que la guerre exacerbait encore, me faisait peur. Je me sentais si peu de chose et si mal préparé... On en était ainsi arrivé à l'avant-dernier jour de cette retraite. Je la faisais sérieusement, mais rien ne m'avait, jusqu'à ce moment, fait grande impression. La matinée se passa comme les autres: sans histoire. Lors de l'instruction de l'après-midi le prédicateur se lança dans quelques considérations aussi pathétiques que banales sur le besoin de prêtres dans le monde. J'écoutais cela avec une certaine attention, mais sans me sentir vraiment concerné. Soudain quelque chose en moi se figea, comme si j'eusse été pétrifié. C'est dans l'immobilité la plus totale que je me souviens avoir attendu la fin de l'instruction que je n'écoutais même plus. Une émotion intense s'était emparée de moi. Un bref moment je n'étais plus dans ce local. Un brouhaha de chaises me réveilla de l'espèce de fascination qui m'avait brutalement envahi. Et c'est comme un automate que je quittai la salle. Presque d'instinct, sentant surgir en moi un immense trouble et comme un désarroi, j'entrai dans la chapelle du collège. Déserte. La lampe du saint sacrement rêvait devant l'autel. Par la fenêtre ouverte, le printemps. Brutalement, sur la chaise où je m'étais agenouillé, une force parut m'investir et me faire littéralement violence. Je ne voulais *pas devenir prêtre.*

C'était d'ailleurs une chose bien arrêtée et sur laquelle je n'avais nullement l'intention de revenir. Cependant, à ce moment précis, je devais *me faire prêtre. Quelque chose en moi m'y forçait contre moi-même et j'en garde le souvenir aigu d'une espèce de lutte, brève mais douloureuse. C'est que j'ai dû résister un moment. Puis, laissant là toute résistance, je compris, à ma propre stupeur et ne parvenant pas encore à le réaliser, que je devais de toute façon m'engager dans le sacerdoce. La douleur, le désarroi, la tension s'étaient mués en une sérénité profonde d'où jaillissaient une plénitude et une clarté. Quelque chose en moi pressentait bien que j'aurais bientôt de grandes difficultés à surmonter pour affronter une vie à laquelle rien, apparemment, ne me prédisposait. Mais à ce moment cela me parut de peu d'importance et comme balayé par la force qui me remplissait. L'impression que je gardai de ces moments fut tellement profonde que grâce à elle, je ne remis jamais, ne fût-ce que l'ombre d'un moment, ma vocation en doute tout au long de mes six années de séminaire. Tout au long de ma vie, au fond. Dieu sait cependant combien nombreux étaient les séminaristes à s'interroger sur leur appel à la prêtrise, à se débattre douloureusement durant des mois, si pas des années, dans des doutes et des hésitations infiniment pénibles. J'ai connu, moi aussi, des moments plus durs au cours de mes années de préparation. Mais jamais un instant il ne me fut possible de mettre en doute ma vocation religieuse, tellement l'évidence ressentie en cette fin d'après-midi dans la chapelle du collège fut radicale, ne laissant place à aucun doute.*[3]

Si des témoignages comme celui de Jean Kamp restent isolés, c'est que bien peu de ceux qui ont eu de telles expériences ont ressenti le besoin d'en parler. Soit parce qu'ils trouveraient inconvenant de mettre de telles expériences par écrit. Soit parce que les explications physico-physiologiques, davantage en phase avec la culture de notre époque, teintée de scepticisme, priment sur une vision plus discrète, ou plus personnelle, et peut-être, pourquoi pas ?, plus profonde.

[3] J. Kamp, *Ce grand silence des prêtres*, p. 66-68, Mols, Bierges, 2000.

Appel de Jean Kamp que je ne peux m'empêcher de mettre en parallèle avec celui, plus connu, de Paul Claudel : *Tel était le malheureux enfant qui, le 25 décembre 1886, se rendit à Notre-Dame de Paris pour y suivre les offices de Noël. Je commençais alors à écrire et il me semblait que dans les cérémonies catholiques, considérées avec un dilettantisme supérieur, je trouverais un excitant approprié et la matière de quelques exercices décadents. C'est dans ces dispositions que, coudoyé et bousculé par la foule, j'assistai, avec un plaisir médiocre, à la grand-messe. Puis, n'ayant rien de mieux à faire, je revins aux vêpres. Les enfants de la maîtrise en robes blanches et les élèves du petit séminaire de saint Nicolas du Chardonnet qui les assistaient, étaient en train de chanter ce que je sus plus tard être le Magnificat. J'étais moi-même debout dans la foule, près du second pilier à l'entrée du chœur à droite du côté de la sacristie. Et c'est alors que se produisit l'événement qui domine toute ma vie. En un instant mon cœur fut touché et je crus. Je crus, d'une telle force d'adhésion, d'un tel soulèvement de tout mon être, d'une conviction si puissante, d'une telle certitude ne laissant place à aucune espèce de doute, que, depuis, tous les livres, tous les raisonnements, tous les hasards d'une vie agitée, n'ont pu ébranler ma foi, ni, à vrai dire, la toucher.*

Car que pouvons-nous dire concrètement de ces appels ? Ou qu'est-il arrivé à Jean Kamp, à Paul Claudel, mais aussi à l'Apôtre Paul sur le chemin de Damas, ou à Blaise Pascal au cours de sa nuit de feu, et à tant d'autres, pour qu'ils se soient sentis obligés d'en porter témoignage ? Ce que nous savons est uniquement ceci : caché dans le creux d'une vie, *quelque chose* s'est passé, que ceux qui en ont été les témoins, ont relié à une révélation, à une visitation de l'*in-fini* (Levinas), à l'ouverture d'un espace et au jaillissement d'un temps où se découvre une *réalité invisible cachée dans le visible* (Gesché). Ou, encore, à ce que les philosophes et les scientifiques ont nommé *globalité. Globalité* dans le sens de quelque chose qui demande une adhésion, un accord, un acte de foi, une croyance en ce que, comme le dit Friedrich Hölderlin, *La main de l'Homme n'a pas à elle seule fait mûrir le fruit.*

Cette croyance en ce *quelque-chose-de-derrière-les-choses* que peuvent inspirer ces appels de l'Être, n'est pas de nature philosophique, puisque les philosophes – particulièrement depuis Descartes – visent à la certitude. Pour les mêmes raisons elle ne peut être qualifiée de religieuse, du moins lorsque les religions visent à la certitude. Et donc, si *quelque chose* des structures de la réalité en soi passe dans les grandes lois de la Nature, pourquoi ne passerait-il pas dans nos expériences autres que celles qui visent prioritairement à une certitude ? Dans ces appels de l'Être, ce quelque chose de tout à fait universel, que nous avons pratiquement tous ressenti un jour, mais dont on ne peut pas toujours mesurer du premier coup la signification : *L'homme, tournant son regard vers l'arrière, croit avoir perdu Dieu, mais c'est qu'en réalité, Dieu s'est lancé, par des routes latérales, au-devant de l'homme, qu'Il attend là-bas, en un horizon provisoire, que l'homme n'a même pas encore su repérer de son regard.*[4]

[4] A. Neher, *L'exil de la parole. Du silence biblique au silence d'Auschwitz*, p. 132, Seuil, Paris, 1970.

La question que je voudrais esquisser est une de celles qui me troublent le plus profondément, elle me paraît dans l'état de mes connaissances insoluble, et revêt un caractère grave d'étrangeté historique. Elle peut se dire de façon très simple : comment se fait-il que le développement de la société chrétienne et de l'Église ait donné naissance à une société, à une civilisation, à une culture en tout inverses de ce que nous lisons dans la Bible, de ce qui est le texte indiscutable à la fois de la Torah, des prophètes, de Jésus et de Paul ? Je dis bien en tout. Ce n'est pas sur un point qu'il y a eu contradiction, mais sur tous les points. Si bien que d'une part, on a accusé le christianisme de tout un ensemble de fautes, de crimes, de mensonges qui ne sont en rien contenus, nulle part, dans le texte et l'inspiration d'origine, et d'autre part on a modelé progressivement, réinterprété la Révélation sur la pratique qu'en avaient la chrétienté et l'Église. Les critiques n'ont voulu considérer que cette pratique, cette réalité concrète, se refusant absolument à se référer à la vérité de ce qui est dit. Or, il n'y a pas seulement dérive, il y a contradiction radicale, essentielle, donc véritablement subversion.

Jacques Ellul

8
Les exégètes de la contestation

Chez l'évangéliste Matthieu, il y a, à la fin du Sermon sur la Montagne, une parabole célèbre qui raconte l'histoire de l'homme qui construit sa demeure sur le roc ou sur le sable : *Ainsi, quiconque écoute ces paroles que je viens de dire et les met en pratique, peut se comparer à un homme avisé qui a bâti sa maison sur le roc* (Mt **7**,24-25).

Ce qui, pour Jésus, est le roc, c'est la mise en pratique. Jésus n'a jamais demandé à ses disciples de lui vouer un culte, ou de l'adorer, mais de mettre ses paroles en pratique. C'est-à-dire de le suivre dans son combat pour le respect de tous ceux qui, habituellement, ne sont pas respectés : les exclus, les méprisés, les exploités. En ce sens le message évangélique est un message essentiellement libérateur. Liberté entière, aussi bien spirituelle que religieuse, politique ou sociale. En Jésus, l'homme est radicalement *libre*. Presque par définition, oserais-je dire, les religions chrétiennes (qui ne sont aucunement, il faut le souligner, les *religions de Jésus*) devraient alors être les transmetteurs fidèles de la *pratique* prônée par Jésus. Lorsque tel n'est pas le cas on peut parler non seulement de rationalités différentes mais encore d'antagonisme. Ou de conflit entre deux visions, ou entre deux approches des choses.

Si des rationalités différentes dans l'approche du monde sont probablement inévitables puisque d'un côté nous avons un prophète qui se situe en marge de tout légalisme et de l'autre des institutions qui, presque par définition, se bâtissent et prospèrent sur un terreau légaliste, par contre un antagonisme paraît nettement moins compréhensible, ou acceptable. Or antagonisme il y a lorsqu'un message moralisateur, autoritaire et doctrinaire organisé sous forme abstraite s'ajoute (ou parfois se substitue) à un message d'amour, d'altruisme et de liberté.[1] Et c'est contre cette vision des choses que les voix d'exégètes chrétiens se sont élevées. Parfois avec véhémence. Je pense d'abord à Maurice Bellet, prêtre catholique français, docteur en philosophie et en théologie et formé à l'écoute psychanalytique. Dans ses ouvrages il met en opposition le Dieu de Jésus de Nazareth et le Dieu d'une certaine pratique du christianisme :

Dieu est amour : il donne tout, il pardonne tout, il se donne lui-même jusqu'à mourir pour nous, en son Fils, sur la croix. Sa grâce inépuisable nous fait entrer dans la vraie vie, joie, liberté, amour.

Seule condition : croire et l'aimer. Et comment ne l'aimerions-nous pas comme il nous aime ? La vraie vie, c'est de lui donner tout et porter notre croix. Et, puisque "Dieu aime celui qui donne avec joie", nous traduirons l'échec en bonheur, nous offrirons à l'Amour la maladie, la solitude, la dépression, la vie ratée. "Tout est grâce".

Dieu aime tant qu'il exige tout, veut pour lui seul tout notre désir, détruit tout ce qui eût fait notre joie trop humaine.

À quiconque voudrait échapper à son amour implacable, Dieu oppose la menace terrifiante de la perte absolue, éternelle. Celui qui ne vit pas pour Dieu ne doit plus être que faute et tristesse. Ainsi, dès que nous osons vivre pour nous notre propre vie, Dieu n'est plus que ressentiment. Et comme

[1] Comme j'ai essayé de le montrer dans mon ouvrage *Science, foi, religions, irréductible antagonisme ou rationalités différentes*, paru en 2017 aux éditions Academia.

ce désir en nous est trop fort pour s'effacer devant l'Amour, aimer Dieu, c'est se haïr, c'est vouloir la mort, vouloir le néant (comme disait Nietzsche).

Mais alors... il ne nous aime pas du tout! Car nous, "si méchants que nous soyons" (comme dit l'évangile), nous sommes tout de même capables d'aimer plus généreusement.

Découverte terrible : le Dieu bon n'est pas bon, mais cruel. Despote arbitraire, père indigne, surveillant mesquin et odieux, sadique avide de notre douleur : accablante litanie.[2]

Pour Maurice Bellet, le Dieu pervers est le Dieu de l'Occident. À partir du texte des Évangiles qui valorisaient l'amour et la liberté, est née une société qui s'est appuyée sur la censure et la répression. Dans le système des Églises chrétiennes, tout est pris à contresens : ce que le système ne tolère plus, c'est l'initiative, l'expérience personnelle, la réalisation des désirs dans l'harmonie et la confiance en soi. Interdiction qui rend le christianisme vulnérable à toute critique venue de l'extérieur. Et ce d'autant plus que l'autorité fait peser sur les consciences une main de fer, une volonté d'anéantir toute forme de contestation. Cette forme de pouvoir instaure la répression extrême, celle qui, au nom de la vérité, anéantit toute initiative qui se lancerait sur la recherche de la vérité. Le crime des crimes est alors de s'opposer à l'Autorité, de démonter ses mécanismes, de mettre en lumière la discipline forcenée du système, l'obsession de la pensée conforme.

Mais, pour Maurice Bellet, derrière l'impasse du Dieu pervers, subsiste toujours, au moins par les Évangiles, la possibilité d'une redécouverte de ce qui fait l'humanité de l'Homme et la vérité de Dieu :

> *Tout ce qui a paru de l'irrépressible présence – l'amour avant tout amour qui nous fait entre nous humains – n'est pas à part et ne met pas à part. Il ne peut être que ce qui rend tout homme proche. Pas un universel surplombant et triomphant – celui-là exclut plus férocement que tout – mais l'hospitalité infinie, l'amour de l'ennemi, l'accueil de l'étranger.*

[2]M. Bellet, *Le Dieu pervers*, p. 17, Cerf, Paris, 1987.

> *C'est pourquoi l'amour dont je parle ne peut être qu'amour de toute voie où l'homme trouve sa voie. Il n'est pas doctrine opposée à d'autres doctrines, croyance creusant sa différence avec d'autres croyances.*
>
> *Si quelqu'un se trouve alors sans Dieu, sans pensée, sans images, sans mots, reste du moins pour lui ce lieu de vérité : aimer son frère qu'il voit.*
>
> *S'il ne parvient pas à aimer, parce qu'il est noué dans sa détresse, seul, amer, affolé, reste du moins ceci : de désirer l'amour.*
>
> *Et si même ce désir lui est inaccessible, à cause de la tristesse et la cruauté où il est comme englouti, reste encore qu'il peut désirer de désirer l'amour. Et il se peut que ce désir humilié, justement parce qu'il a perdu toute prétention, touche le cœur du cœur de la divine tendresse.*
>
> *"Ce n'est pas sur ce que tu as été ni sur ce que tu es que te juge la miséricorde, c'est sur ce que tu as désir d'être."*
>
> *Il n'y a pas d'homme condamné.*[3]

L'autre exégète contestataire dont je voudrais brièvement évoquer l'œuvre est le prêtre et écrivain français Jean Sulivan. Lui également met en parallèle la parole d'Évangile qui s'adresse au cœur et à l'esprit et celle de l'Église institutionnelle qui la coiffe d'une énorme chape de plomb :

*Voici l'Évangile d'où tout part : parole qui s'adresse en même temps au cœur et à l'esprit. Elle porte en elle et donne dans sa vibration, son ardeur, ce qu'elle signifie. Rien de moins abstrait et autoritaire. Encore que sa voix soit d'*autorité. Auctor *: celui qui fait vivre... L'*auteur de mes jours. *Sa proposition jamais n'est énoncée du dehors, sous laquelle il faudrait plier. Même quand elle se présente comminatoire elle est invitation à l'attention et au réveil. Elle perd toute signification si un remuement ne se produit là où germe la liberté. Certes la parole vient de plus loin que nous.*

[3] M. Bellet, *Incipit ou le commencement*, Desclée de Brouwer, Paris, 1992.

Elle passe, jette sa graine ainsi que passa le Galiléen qui ne craignit pas de maudire, mais seulement ceux qui se servaient de la religion et de Dieu pour s'assurer contre la foi au Dieu vivant et vrai, élevant ainsi une muraille en voulant éviter le relais de l'intériorité, séparant trop tôt le bon grain de l'ivraie, devançant le jugement. L'Évangile est confiance, attente, respect du cheminement secret. Y eut-il seulement un seul acte de foi d'espérance et d'amour qui ne soit né d'une liberté intérieure ? Non cela n'est pas.

Or la doctrine extraite de l'Évangile, organisée sous forme abstraite détourne et blesse. La foi s'est fait des ennemis : tout ceux qui ont cru, justement ou non, qu'on les voulait dompter en les chargeant d'un héritage obligatoire ; ceux auxquels ont a voulu depuis des siècles apprendre *la foi comme on apprend l'alphabet, la syntaxe, tout le langage d'un peuple. Mais ce n'était depuis longtemps plus le langage d'un peuple : plutôt celui de doctrinaires. La mémoire collective garde les ressentiments de l'histoire. Les Églises qui annoncent l'Évangile de la foi et donc de la liberté spirituelle sont arrivées à ceci : à* christianiser, *mais en suscitant la suspicion, la haine ou le mépris.*[4]

Tout comme Maurice Bellet, Jean Sulivan resta cependant fidèle à l'Église, et ce jusqu'à la fin de sa vie. N'hésitant pas, à propos de la parole d'Évangile, à se poser la question : *Sans l'Église l'aurions-nous entendue ?* Questionnement qui rappelle étrangement la parole de Jésus à la Samaritaine : *Crois-moi, femme, l'heure vient où ce n'est ni sur cette montagne ni à Jérusalem que vous adorerez le Père. Vous, vous adorez ce que vous ne connaissez pas ; nous, nous adorons ce que nous connaissons, car le salut vient des Juifs. Mais l'heure vient – et c'est maintenant – où les véritables adorateurs adoreront le Père en esprit et en vérité, car tels sont les adorateurs que cherche le Père* (Jn **4**,21-23). Jean Sulivan, tout comme Maurice Bellet, s'attelle, lui également, après la profonde destruction qu'il a vécue, à une patiente reconstruction. Comme celle annoncée par Jésus à la Samaritaine :

---

[4] J. Sulivan, *L'exode*, p. 36-37, Cerf, Paris, 1988.

Quand Dieu devient insipide et ne dit plus rien *c'est peut-être que l'espace spirituel va s'élargir. Votre chance fut peut-être de trouver Dieu mortellement ennuyeux dès votre jeunesse. Longtemps vous vous efforçâtes d'avoir l'air de l'aimer afin de complaire à ceux de votre clan. On a peur de blesser et l'on a un cœur faible. Votre chance en même temps fut d'avoir entendu certains versets des Évangiles par la voix de votre mère : ils donnaient du bonheur, à l'instant même. Et d'avoir été touché par le Dieu de Pascal, de Jean de la Croix, de Nietzsche dont les imprécations vous donnaient le désir d'adorer. Vous vous consoliez de répéter les formules claires et stériles du prosélytisme ordinaire en vous abreuvant en secret à ces sources. Tandis que la proximité des petits et des pauvres qui parlent spontanément la langue mystique à travers n'importe quel langage, vous confortait dans votre préférence. Jusqu'à ce que vous vous mîtes quelque peu à l'écart des spécialistes de l'endoctrinement, pour tenter de réconcilier dans l'écriture ce qui était déchiré dans l'expérience sociale. D'une part un langage formel, abstrait, répétitif, psittaciste qui ne tenait que par la soumission ; d'autre part des morceaux de textes bibliques débranchés du souffle qui n'étaient là que pour justifier. Très tôt vous sûtes que le pire fidéisme n'était pas toujours où l'on pensait : il était dans l'attachement aveugle à des formules nécrosées qui, sous couvert de fidélité, affirmaient des croyances étrangères à la vie.*[5]

Jean Sulivan et Maurice Bellet ne sont pas les seuls à avoir souligné cette incompatibilité entre l'esprit des textes évangéliques et la doctrine des Églises. Il y a encore Jacques Ellul, déjà cité, mais aussi le prêtre Jean Kamp, le théologien Joseph Comblin, le sociologue René Girard, ceci sans parler du grand écrivain russe Fiodor Dostoïevski qui, dans la fameuse *Légende du Grand Inquisiteur* que l'on trouve dans *Les Frères Karamazov*, met le doigt sur l'infidélité du christianisme à la pensée du Christ. Il y a, bien sûr, encore ceux qui, tout en souffrant de cette infidélité, gardent le silence.

[5] J. Sulivan, *L'exode*, p. 89-90, Cerf, Paris, 1988.

Conclusion : alliances

L'exégèse pour penser, et *la physique quantique pour penser*, deux approches différentes pour penser le réel, deux rationalités différentes, mais qui ne devraient pas se contredire ni occulter l'existence de thèmes communs. Le premier et le plus universel de ces thèmes est l'*alliance*.

Point fort de la tradition biblique, l'alliance, la *berit*, marque, pour les Hébreux, une étape dans le processus de création : le Dieu des Hébreux ne demande ni religion, ni vénération, ni culte, mais travail en commun, édification en collaboration, partage de responsabilité en vue de continuer une œuvre : *La* berit *est moins l'alliance d'hommes avec un Dieu dont le secours leur est indispensable, que l'alliance de Dieu avec des hommes dont il a besoin pour créer son œuvre. C'est là la singularité de la* berit *hébraïque. Elle place les hommes dans le temps d'un Dieu qui les appelle.*[1]

En contrepoint du point de vue du judaïsme, la religion chrétienne met l'accent sur un Dieu qui s'immerge dans le temps des hommes et des femmes. Un Dieu solidaire qui, par le biais de Jésus de Nazareth, participe à l'épreuve de la souffrance et de la mort qui est celle de tous les humains.

[1] A. Neher, *L'essence du prophétisme*, p. 112, Calmann-Lévy, Paris, 1973.

Du point de vue de la science, le terme *alliance* a d'abord été mis à l'ordre du jour de la modernité par Jacques Monod. Dans son livre, *Le hasard et la nécessité*, il conclut sa vision de la vie par cette phrase, déjà citée : *L'ancienne alliance est rompue ; l'homme sait enfin qu'il est seul dans l'immensité indifférente de l'Univers dont il a émergé par hasard. Non plus que son destin, son devoir n'est écrit nulle part. À lui de choisir entre le Royaume et les ténèbres.*[2]

Le Royaume au sens de Jacques Monod n'a, bien sûr, rien à voir avec le Royaume de Dieu dont il est question dans la tradition judéo-chrétienne. Pour Jacques Monod, il s'agit de *l'éthique de la connaissance*, ou encore des *lumières de la science.* Ceci dans la ligne de pensée du mathématicien, philosophe et moraliste britannique Bertrand Russell pour qui *il n'y a de vérité que scientifique.* Par opposition, les ténèbres étant celles des croyances religieuses, de l'animisme qui englobe les mythes, les superstitions, les religions. Pour Jacques Monod, l'alliance qui est rompue est celle, millénaire, entre l'Homme et la Nature placée sous l'égide des dieux.

Cette approche de l'alliance a été repensée par Ilya Prigogine dans le contexte des conséquences qu'impliquent le temps orienté et le non-déterminisme. Contexte qui consacre l'émergence d'une science où l'alliance est désormais celle de l'Homme avec le temps. Partagé par tous les acteurs de l'évolution, qu'ils appartiennent ou non au règne des vivants, le temps orienté fait alors de l'Homme véritablement un *enfant de la flèche du temps.* Ce qu'Isabelle Stengers, la collaboratrice d'Ilya Prigogine, résume dans une phrase qui rend compte de la nouvelle alliance dans laquelle l'Homme est invité à s'inscrire : *Le temps aujourd'hui retrouvé, c'est aussi le temps qui ne parle plus de solitude mais de l'alliance de l'homme avec la nature qu'il décrit. Le temps est venu de nouvelles alliances, depuis toujours nouées, longtemps méconnues, entre l'histoire des hommes, de leur société, de leur savoir, et l'ouverture exploratrice de la nature.*[3]

---

[2]Cité par Christian de Duve, *Poussière de vie. Une histoire du vivant*, p. 476, Fayard, Paris, 1996.

[3]I. Prigogine et I. Stengers, *La nouvelle alliance. Les métamorphoses de la*

Le second thème commun aux approches scientifique et exégétique est celui de *création d'ordre à partir du désordre*. Ce processus n'est pas naturel : il est *contre nature*. Il a donc, en quelque sorte, été *falsifié*. Car si le terme *désordre* doit être entendu dans le sens d'*uniformité*, comme dans le second principe de la thermodynamique, alors, au cours d'un processus réel, le désordre ne peut que croître avec le temps. Voyons un exemple simple.

À l'instant où l'on verse du lait dans du café, et juste avant que le mélange ne se fasse, lait et café sont encore séparés ; mais au fur et à mesure que le temps s'écoule les deux composants vont se mélanger pour former un liquide homogène où les molécules des deux constituants sont uniformément distribuées. Le désordre, au sens d'uniformité, y est maximal, et rien ne peut faire que du désordre renaisse l'ordre. Ou encore, que toutes les molécules de lait et de café se démélangent pour retrouver du lait et du café purs.

Pour notre Univers il en va, *grosso modo*, de même. À partir du *big bang*, assimilé à un état de l'Univers où l'ordre est parfait, le désordre, compris dans le sens d'*uniformité*, va s'installer. La matière, ou la prématière, va progressivement se répandre de façon uniforme dans tout l'espace.[4] Mais voici que, dans ce processus d'uniformisation, de montée vers le désordre, et contrairement à ce que l'on observe dans le mélange lait-café, vont apparaître, avec une certaine probabilité, des îlots d'ordre, d'organisation, de diversification. Ce sont (dans le monde macroscopique) les corps célestes, les étoiles, les planètes, la vie. Il y a dans l'Univers, avec un degré de probabilité, d'incertitude, construction d'ordre, auto-organisation, et donc possibilité d'apparition de structures complexes. Ce sont les *structures dissipatives* qui ont valu à Ilya Prigogine le prix Nobel de Chimie en 1977. Et ces structures jouent un grand rôle dans la Nature.

---

science, p. 393, Gallimard, Paris, 1979 ; et : I. Prigogine, *De l'être au devenir*, p. 49, Intégrale des entretiens *Noms de Dieux* d'Edmond Blattchen, Alice Éditions, Bruxelles et RTBF Liège, 1998.

[4]Plutôt que se répandre *dans* l'espace, il serait plus correct de dire que c'est l'espace-lui-même qui est en expansion.

À partir de ce processus de création d'ordre à partir du désordre, Ilya Prigogine et ses collaborateurs ont élaboré une théorie mathématique rigoureuse. Théorie qui a contribué, en quelque sorte, à un travail de *réenchantement*, ou de *réconciliation*. D'abord réconciliation entre physique et philosophie (plus spécifiquement entre le temps orienté du philosophe Henri Bergson et le temps non orienté des physiciens, dont Albert Einstein), ensuite entre physique et métaphysique. C'est la raison pour laquelle, si Monod a été un prophète du désenchantement du monde, Ilya Prigogine, en reconnaissant qu'il y a dans tout ce processus d'auto-organisation quelque chose qui dépasse l'Homme, quelque chose qui peut être vu comme venant soit des lois de la Nature elle-même, soit d'un programme extérieur, peut être vu comme celui du réenchantement, du retour à un certain mysticisme de la Nature : *Je pense,* dit-il, *que le mot* dieu *exprime exactement ce dépassement, qu'on le prenne dans le sens laïque ou dans le sens religieux.*[5]

Dès que nous avons le temps orienté, la flèche du temps agit sur l'émergence à la fois de l'ordre et du désordre, non seulement au niveau matériel, microscopique et macroscopique, mais également à un niveau immatériel. Ou à un niveau moral et spirituel comme nous le voyons dans le récit biblique de la création où, là également, nous découvrons qu'il y a création d'ordre à partir du désordre.

Dans le premier récit de la création de la Genèse, à partir du *tohû* et du *bohû*, sorte de proto-univers désorganisé et désorienté, par sa parole, Dieu va faire surgir un Univers séparé de lui, et le façonner en ordonnant et en séparant ; mais, contrairement à d'autres cosmologies, le travail de séparation, plutôt que de porter sur des entités spatiales, va prioritairement agir sur le temps. La cassure, que d'anciens mythes de découpage du chaos voyaient dans la *spatialité*, l'auteur biblique va la situer dans la *temporalité*. Selon le premier récit de la création, Dieu n'a pas seulement fait le jour et la nuit, mais leur *succession* ; pour la Bible également,

[5] I. Prigogine, *De l'être au devenir*, p. 20, Intégrale des entretiens *Noms de Dieux* d'Edmond Blattchen, Alice Éditions, Bruxelles et RTBF Liège, 1998.

l'Homme serait donc bien un *enfant de la flèche du temps*, et la séparation temporelle réellement créatrice.

À ce point intervient bien une création d'ordre à partir de désordre. Non au niveau matériel, mais au niveau éthique. Le monde tel qu'il est, avec toutes ses injustices, ses horreurs, ses massacres, ses catastrophes humanitaires, est caractérisé par un désordre humain et moral. Dans ce désordre naissent de temps en temps des justes, personnalisés dans la tradition juive par le *serviteur souffrant* d'Isaïe, dans la tradition chrétienne par le Christ, dans la tradition humaniste par Socrate. Mais ces justes ne doivent pas nécessairement être *personnalisés.* Il peut s'agir de n'importe quel juste contemporain ou ancien, connu ou anonyme. Eux seuls ont alors le droit de parler pour l'Homme, au nom de l'ensemble des hommes et des femmes. Et leur message est que c'est l'amour et le pardon qui sauveront l'humanité du désordre, de l'anéantissement, et non la haine et la vengeance.

Les représentants de la pensée juive ont écrit quelques pages admirables à propos du juste, personnifié par le *serviteur souffrant*:

Le serviteur souffrant n'est pas présenté dans le texte d'Isaïe comme une préfiguration d'un être à venir, individu ou groupe. Il semble au contraire que le prophète soit en train d'interpréter des événements contemporains. Et il l'annonce: le serviteur, hier inconnaissable et exclu de l'humanité, va s'élever très haut et être reconnu par elle comme un modèle. Le mépris que les nations avaient pour lui, est en train de faire place, ou, plus précisément pourrait se retourner en admiration des hommes pour lui et pour son peuple. Celui-ci pourrait en effet revenir à YHWH, se repentir, retourner en Terre sainte, y ouvrir les yeux des aveugles, y libérer les prisonniers, y redistribuer les terres, relever le pays, y restaurer le droit, y obéir à la Torah. Alors le serviteur qui aura accompli cette mission de retour à Israël, à la terre et à YHWH aura été l'incarnation de l'alliance avec YHWH et sera devenu la lumière des Nations émerveillées de cette rencontre entre le politique et le spirituel, le social et le moral, l'économique et l'éthique.[6] La réflexion sur la souffrance dans le monde et le rôle des justes n'avait jamais atteint et n'atteindra sans doute plus jamais la profondeur à laquelle Isaïe l'a conduite. Il fut un temps où les Chrétiens lisaient le texte d'Isaïe en pensant que, dans la figure du serviteur souffrant, il annonçait prophétiquement la figure du Christ, de Jésus de Nazareth. Mais la figure du serviteur souffrant est, de toute évidence, hors du temps, intemporelle et, par voie de conséquence, universelle. Il ne s'agit pas uniquement des justes religieux. Les justes en général, qu'ils soient religieux ou laïcs, sont les grumeaux d'ordre, les caillots de justice, apparus dans un océan de désordre, d'injustice. Ils sont ce qu'il y a de meilleur dans une société.

La naissance d'ordre à partir du désordre, c'est donc bien dans le cœur des humains qu'il faut désormais la situer. Que les hommes et les femmes prennent conscience de cette façon d'appréhender les choses, et ils se sentiront libérés, sauvés, leur vie aura alors acquis cet *élan irremplaçable* dont parle Bernard d'Espagnat.

---

[6] A. Abécassis, *La pensée juive. 3. Espaces de l'oubli et mémoires du temps*, p. 191-192, Le livre de poche, Biblio essais 4100, Paris, 1989.

Bilan et option personnelle

L'énigme essentielle à propos de l'Univers a été énoncée au dix-huitième siècle par le philosophe mathématicien Leibniz : *Pourquoi y a-t-il quelque chose plutôt que rien ?* Énigme à laquelle nous n'avons pas, et n'aurons sans doute jamais, de réponse. Non seulement parce que nous ne connaissons pas les lois ultimes de l'Univers, mais davantage encore parce qu'il est illusoire de croire que nous serons un jour en possession de principes ultimes n'ayant pas besoin de s'appuyer sur d'autres, plus ultimes encore.[1] Et ce d'autant plus qu'à l'énigme posée par Leibniz s'en est ajoutée une autre : *Qu'est-ce qui fait gravir à ce quelque chose les échelons de complexité pour arriver à la vie, à la conscience, à l'Homme ?*

Pour approcher ces énigmes, les hommes ont proposé diverses voies. Il y a d'abord celle des religions du Livre : le judaïsme, le christianisme, l'islam. À des nuances près, leur caractéristique principale est la croyance en un Dieu unique, créateur de toutes choses,[2] non-interventionniste au sens immédiat du terme, mais néanmoins solidaire de ses

[1] S. Weinberg, *Le rêve d'une théorie ultime*, p. 218, Odile Jacob, Paris, 1992.

[2] Une approche moderne évoque Dieu plutôt comme créateur de potentialités, de virtualités, comme *créateur de création* (A. Gesché).

créatures et qui les sauve de la solitude et du néant.[3] Il y a ensuite le tao, la *Mère du monde*, le principe qui engendre tout ce qui existe, la force fondamentale qui coule en toutes choses de l'Univers. C'est l'essence même de la réalité, ineffable et indescriptible.[4] Il y a enfin l'option du hasard pur. Option à laquelle personnellement je n'adhère pas et à laquelle de moins en moins de scientifiques qui s'intéressent à l'évolution de l'Univers croient.[5] Car l'idée que le hasard ait pu produire cet Univers énorme qui nous entoure, avec toutes ses galaxies et systèmes planétaires, en même temps que Socrate, Jésus, Mozart, Einstein, Gandhi, paraît peu crédible. Que ce soit au regard du ressenti ou à celui de la science. Faut-il rappeler la formulation d'Ilya Prigogine : *Les lois ne gouvernent pas le monde, mais celui-ci n'est pas non plus régi par le hasard.*

S'il y a autre chose que le hasard, il y a donc là un mystère. Car tel est bien la définition de mystère : chose cachée, voilée, qui excède les possibilités de la raison humaine. Mystère donc, même au regard des sciences exactes. Car, comme le fait remarquer Bernard d'Espagnat, si le mot *irrationalité* figure dans les écrits d'un physicien de l'envergure de Wolfgang Pauli, l'inventeur du neutrino, c'est parce que si la théorie scientifique est parfaitement rationnelle, le *réel*, lui, ne l'est pas.[6] Et si le réel n'est pas rationnel, cela signifie qu'il est voilé pour la raison humaine : ni entièrement connaissable, mais ni totalement inconnaissable. Mystère de ce qui gît derrière le décor et qui incite à croire en une intelligence qui nous dépasse et n'est pas accessible à la raison

[3] Ou encore, selon le philosophe Luc Ferry : *qui les sauve d'une séparation irrémédiable d'avec le divin, d'une privation éternelle d'amour et, par là même, de sens.*

[4] Dans le cadre des entretiens *Noms de Dieu* d'Edmond Blattchen, Prigogine alerte sur le fait que l'auto-organisation de la Nature vers toujours plus de complexité autorise deux possibilités. Soit une construction qui vient de la Nature elle même, d'un programme intérieur – option qui rejoindrait le tao –, soit une construction qui vient d'un programme extérieur à la Nature, d'un Dieu – option qui rejoindrait celle des religions du Livre. Pour l'Homme, il y a, entre ces deux options, une liberté de choix, et donc une responsabilité.

[5] Voir, par exemple, toute l'œuvre de Hubert Reeves.

[6] B. d'Espagnat, *Le réel voilé. Analyse des concepts quantiques*, p. 377, Fayard, Paris, 1994.

humaine. Des témoignages de scientifiques, de philosophes, d'écrivains, de mystiques, de religieux, vont dans ce sens. Certains ont mis des mots derrière ce mystère patent.

Ainsi, Bernard d'Espagnat parle d'un Dieu plus que cosmique, *premier par rapport à toute réalité contingente connue sur le mode du discursif.*[7] Spinoza place au même niveau la Nature et la pensée comme deux attributs de Dieu, et c'est là un élément de ressemblance entre sa conception de Dieu et le Dieu plus que cosmique de Bernard d'Espagnat. Pour Emmanuel Levinas, c'est le *Dieu qui vient à l'idée.* Quant au mystique Maître Eckhart, il prie Dieu de le libérer de Dieu : *Le plus élevé et le plus extrême à quoi l'homme puisse renoncer, c'est de renoncer à Dieu pour Dieu.*[8] L'écrivain William Shakespeare se réfère à son personnage Hamlet : *Il y a plus de choses au ciel et sur la Terre, Horatio, que n'en rêve votre philosophie.*[9] Dans un autre registre, c'est Jean l'évangéliste qui met ces paroles dans la bouche de Jésus : *Le vent souffle où il veut ; tu entends sa voix, mais tu ne sais ni d'où il vient, ni où il va. Ainsi en est-il de quiconque est né de l'esprit.*

Mais l'humain ne se sent pas uniquement concerné par l'énigme à consonance philosophico-scientifique de Leibniz. Parce que son ressenti est plus vaste que ce que les sciences peuvent lui apporter, d'autres énigmes surgissent. Ainsi, dans le domaine de l'expérience quotidienne, l'énigme essentielle est bien celle de la destinée individuelle. Énigme qui, de tout temps, a alimenté les réflexions des penseurs et philosophes. Dont celle du philosophe musicologue Vladimir Jankélévitch :

---

[7] À noter que cette croyance en un Être ineffable et au-delà de toute imagination humaine possible n'est pas incompatible avec une certaine vision mystique chrétienne. Déjà pour Denys le Pseudo-aréopagite, que l'on tient pour un converti de Paul, auteur de traités chrétiens de théologie mystique et l'une des sources majeures de la spiritualité mystique chrétienne, Dieu serait au delà de l'être conçu comme somme des êtres. Et en fait comme se situant au delà même de tout concept humain possible, y compris celui de *personne.* Cependant, et toujours selon Denys, il est légitime de lui adresser des prières conçues comme des expressions de notre désir de nous rapprocher de lui.

[8] Sermons, cité par Bernard Ginisty : *Nous sommes tous des idolâtres*, p. 130, Centurion, Paris, 1994.

[9] Ceci sans oublier Macbeth : *La vie est une histoire dite par un idiot, pleine de bruit et de fureur, et qui ne signifie rien.*

La vie une fois vécue, bouclée, accomplie, on se demande : À quoi bon ? oui, à quoi rime cette petite promenade de monsieur Un Tel dans le firmament du destin, ce stage de quelques décennies dans la vallée de la finitude ? ce séjour sans tête ni queue dans les pâturages de l'en-deçà ? quelle est la finalité de tout cela ? Car on ne peut parler de finalité quand l'existence finit par où elle a commencé, quand le futur est le passé lui-même et quand l'omega rejoint l'alpha dans un seul et unique non-être...[10]

Les explications scientifico-philosophiques qui ont démystifié l'apparition et le fonctionnement de la vie ne répondent en rien à ces questions, comme divers réductionnismes ont voulu le laisser entendre. Bien plus, qu'il soit philosophe, scientifique religieux ou théologien, chaque homme doit reconnaître avec humilité qu'il ne sait rien de ce que nous devenons après la mort. Or, cette question est vitale, et non plus intellectuelle. Elle nous concerne au plus profond de notre être.

Jankélévitch est un philosophe que j'apprécie parce qu'il sait écrire, et bien écrire. En s'intéressant au mystère qui recouvre le passage de l'être au néant, ou de l'être à l'absolument autre, il a eu le courage de se distancier de toutes les formulations simplistes que l'au-delà de la mort a pu suggérer. Il a tout autant dénoncé la sottise de la pure nihilisation que l'ineptie réconfortante d'une vie simplement continuée : qui veut trop prouver, ne prouve rien. Ainsi, si l'on souhaite par exemple se rappeler ce qui est dit dans les Évangiles, on obervera que depuis la "résurrection", Jésus ne mène plus une existence comme il en menait avant. Il est devenu *présence absente et apparition disparaissante.*[11] Cette présence absente est nécessairement ambiguë, controversable et en quelque sorte secrète, clandestine, elle invite chacun à découvrir par soi-même ce qu'elle sous-entend : *Entre ces deux extrêmes semblablement absurdes* [nouvelle vie, nihilisation] *resterait ouverte une possibilité de penser le*

[10]V. Jankélévitch, *La mort*, p. 463-464, Paris, 1977.

[11]V. Jankélévitch, *Le Je-ne-sais-quoi et le Presque-rien. 2 : La méconnaissance, le malentendu*, p. 175, Seuil, 1990.

"peut-être" entendu en son double sens : l'espoir raisonnable de ce qui peut être *et la folle espérance du "peut-être", du "qui sait", voire de "si Dieu le veut"..., qui sait ? peut-être l'homme vaincra-il un jour la mort.*[12]

Un mot très simple de Jean-Marie Vianney, dit le Curé d'Ars,[13] résume le mystère de l'après la mort : *S'il n'y a rien après la mort, je serai bien attrapé. Mais je ne regretterai pas d'avoir cru à l'amour.* "Je serai bien attrapé", c'est-à-dire, "J'y serai, mais je ne découvrirai rien de ce que je pensais découvrir".... Marc Oraison ajoute : "Cette phrase est bien plus chargée de sens que tous les discours métaphysiques sur l'immortalité de l'âme".

Je termine ce questionnement sur le mystère de la destinée humaine par la réponse que Jankélévitch donne à sa question : *Cela en valait-il la peine ?* : *S'il faut en finir par où l'on a commencé, ce n'était pas non plus la peine de commencer. Or cela valait la peine ! C'est la gratuité même de cet avoir-vécu qui s'est transformée, par une conversion subite, en message surnaturel. À l'intérieur de la continuation immanente, le fait d'être parti, puis revenu à son point de départ, comme le fils prodigue, n'est pas nécessairement du temps perdu : il apporte bien plutôt un enrichissement concret et une invisible expérience. Par rapport au vide de l'éternité infinie, où la vie se referme sur elle-même, on ne saurait parler d'enrichissement ni de souvenirs empiriques : la création est ici d'un tout autre ordre.*[14]

Ou encore, selon la formulation de Hans Jonas : *Tout monde nouveau susceptible de naître après la fin d'un monde passé aura dans son propre héritage, pour ainsi dire, le souvenir de ce qui l'a précédé : ou, en d'autres termes : Il n'y aura pas une éternité indifférente et morte, mais une éternité s'accroissant avec la récolte accumulée du temps.*[15]

---

[12] V. Jankélévitch, *La mort*, p. 383, Flammarion, Paris, 1977 ; voir également : É. Feron, *Phénoménologie de la mort. Sur les traces de Levinas*, p. 152, Kluwer, Dordrecht, 1999.

[13] Cité par Marc Oraison : *Au point où j'en suis*, p. 164, Seuil, Paris, 1978.

[14] V. Jankélévitch, *La mort*, p. 464, Paris, 1977.

[15] H. Jonas, *Le concept de Dieu après Auschwitz. Une voix juive*, p. 26, Payot, Paris, 1994.

J'en viens enfin à ce que j'appellerais "mon option personnelle", à ce que je pense avoir été une clé de toute ma vie. Tout d'abord, je souscris pleinement au point de vue de l'écrivain Henri Beyle, dit Stendhal, lorsqu'il affirme : *L'amour a toujours été pour moi la plus grande des affaires ou plutôt la seule.* Amour, au sens large du terme, ou expérience vécue, qui donne à la vie cette foi, cette passion, cet élan unique, irremplaçable, dont parle d'Espagnat. M'interpelle donc le *Dieu est amour* dans la première Épître de Jean. Vision de Dieu qui trouve sa source dans le vécu de Jésus de Nazareth, présence humaine d'une réalité non humaine. L'essentiel de son enseignement peut se résumer en une seule phrase : *Si quelque chose doit sauver l'humanité de la ruine et du chaos (et, selon Jésus rapprocher cette humanité de son Dieu) ce sont l'amour et le pardon que les hommes et les femmes doivent se porter les uns aux autres.*

Cette position, il l'a en quelque sorte rendue concrète, en la vivant dans sa chair à l'occasion de situations où il prône respect et considération pour tous les marginaux, les exclus de la société, les plus faibles, les femmes. Position qu'il a également exaltée dans nombre de ses paraboles. Dont la plus célèbre, celle dite du "bon Samaritain", et dont Françoise Dolto a donné une interprétation lumineuse : *En souvenance de Jésus, agissons envers les autres par amour pour lui, comme il l'a fait pour nous. Ces autres, à leur tour, ne sont pas obligés à notre égard, car c'est nous qui sommes leurs obligés d'avoir pu grâce à eux agir notre amour. Eux, libres de leur vie, agiront à leur tour comme nous avons agi à leur égard. C'est la liberté des enfants de Dieu qui ne connaît plus faute ni péché, mais l'amour vivant au-delà de toutes les séparations (fût-ce la mort du corps), au-delà des valeurs connues du désir, de ses pièges, de ses jouissances partagées et complices, de ses épreuves mutilantes. Cet amour transcende masques et miroirs, mensonges et certitudes de ce monde, pour nous conduire, d'expériences en expériences, d'actes en actes d'amour, à son inconnaissable source.*[16]

---

[16] F. Dolto, *L'Évangile au risque de la psychanalyse. Tome 1*, p. 174, Seuil,

Mais le monde est ce qu'il est, et pour en venir à notre vécu de tous les jours, tout ceci ne doit pas occulter l'antagonisme entre le contenu des paroles de Jésus et certaines pratiques des Églises. Antagonisme qui résulte à la fois du fond et de la forme de certains discours ecclésiaux qui a conduit des chrétiens, et non des moindres, à parler du *Dieu pervers du christianisme* (M. Bellet), de *subversion du message évangélique* (J. Ellul), de *doctrine organisée sous forme abstraite qui détourne et blesse* (J. Sulivan). Ou encore : *l'Évangile vient de Jésus, la religion ne vient pas de Jésus*, selon la phrase-choc qu'a prononcée en 2020 le théologien belgo-brésilien Joseph Comblin.

De par ma formation, je suis un scientifique, et donc aussi un pratiquant des sciences *exactes*. Mais, là également, comme pour la religion, je pose des balises, des limites. Car il faut bien avoir en vue que lorsqu'on parle d'*exactitude*, ce ne sont pas les sciences qui sont exactes, mais leur syntaxe, leurs équations. Leur sémantique, c'est-à-dire le rapport que les équations ont avec la réalité, reste, elle, une énigme. Tout comme les religions, les sciences sont donc également des mythes dans le sens où elles ne nous donnent pas à connaître le fin mot du réel. Elles ne nous révèlent que des ombres qui, comme dans le mythe de la Caverne de Platon, ne peuvent être identifiées à la réalité telle qu'elle est vraiment. C'est donc dans un équilibre fondé sur une dialectique qui conjugue un théisme d'origine chrétienne,[17] fruit d'un ressenti raisonné et de la rencontre avec des personnes, et une rationalité scientifique consciente de ses limites que je me retrouve le mieux. Ce qui m'autorise à considérer avec recul, aussi bien le dogmatisme scientifique (*il n'y a de vérité que scientifique* avait dit le philosophe Bertrand Russell) que le dogmatisme religieux.

Paris, 1977.

[17] Je devrais plutôt dire : d'origine évangélique.

Table des matières

www.ingramcontent.com/pod-product-compliance
Lightning Source LLC
LaVergne TN
LVHW010922051026
849532LV00003B/805
* 9 7 8 2 8 0 6 1 0 4 2 2 9 *